感動推薦

編輯到底在做什麼？不要問，很可怕！因為編輯包山包海講不完，也因為編輯的實務，就跟作者所說的一樣，完全是「體驗主義」。

如果你是編輯，請不要錯過這本盡力寫出「體驗」的書，那不只是我們都經歷過的那些沒日沒夜，還有我們擁有的閃亮工匠魂。

如果你是作者，請不要忽略這本關於「工作夥伴」的書，如果你不知道編輯跟出版社想什麼，大家都會很辛苦。

如果你是讀者，更不能錯過這個人人都可能是編輯的時代，你就需要一本這樣的書。

——A編工事中

「不用文青」，是我這幾年找編輯時不變的準則。拜讀完日本傳奇編輯片山一行這本編輯學後，我更加確認，這個標準是對的。

我對好編輯的標準跟作者一樣，就是「與讀者相同高度」：你能不能具備專業知識，卻放低身段解釋給外人聽。對編輯生涯已超過二十年的我而言，最開心的不是編出暢銷書（雖然這件事很重要），而是聽到讀者說：「同類型的書當中，你這本書最好懂。」

本書很適合已經是編輯、想要當編輯或正在思考自己到底該不該繼續幹編輯的人，重新思考編輯魂的最佳實用書。

——吳依瑋——大是文化總編輯

本書作者從商業書「製作人」出發，傳授經驗也分享案例，儘管雜誌與書籍的編輯特色未盡相同，但做為一名優異的編者，條件卻幾乎相同。本書也讓人了解，想成為一本書或雜誌「無所不能的幕後」，有哪些能力缺一不可。

——許秀惠——《今周刊》總主筆兼採訪主任

編輯是怎樣一個行業？怎樣才能做好一個編輯？一直常聽到的答案是：要有熱情、有愛。事實上，因這些特質而當編輯的，大多失望離開了。當我看到片山先生從商業實用書編輯出發，非常「誠懇」地談編輯這工作時，我內心是非常感動的。

出版是雜學，有趣迷人，但也是編輯更需謙卑的。暢銷書沒有ＳＯＰ，編輯也不應僅靠天分或經驗傳承，除了初衷和熱情，編輯有其深奧的技術。迎接內容產業的時代，也更凸顯出編輯的重要性，如同片山先生說的：編輯是綜合藝術家，也是優秀的行銷。然後，別忘了，做一個有骨氣有個性的編輯前，要先有專業。

——曾雅青——三采文化總編輯

這個時代特別需要編輯。各式各樣的內容單位，透過圖文主題創作傳遞感情，就是編輯。

編輯不是單純的工作名稱，是解讀時勢的個人眼光，是重組內容的純熟技術。

這跟有沒有人看紙本書無關，跟人們還有沒有繼續買雜誌關連不大，不需怪罪多數人只聽單曲串流、捨棄整張音樂專輯的結構布局，不必責怪身邊的人把時間花在未經心思鋪排的影像敘事……因為，認真的讀者感受得到，費心編輯過的東西，真的比較好看。

——黃威融——跨界編輯人

親身經歷「商業書」類型的從無到有，自嚴肅的法律經濟書時代，轉移至給商務人士看的書就叫商業書的典範轉移，積累超過四十年經歷的片山一行先生，在書中詳述了編輯應該具備的素養和技能，如何精準捕捉時代的精神、作者的思想菁華，並且始終站在讀者的高度，製作出讓讀者覺得「好懂又實用」的商業書。

細碎到「一個段落應該有幾行」的龜毛，遠大到「只有這個編輯才做得出這樣的書」的企圖心，相信一定可以讓編輯老手覺得真是說出了我的心聲；讓編輯生手學會編輯老工匠的好手藝；更可以讓編輯外行人一窺「編輯這一行」如何繁瑣又迷人。

——齊立文——《經理人》月刊總編輯

即使知道身處「夕陽產業」，在紙本書尚未絕種前，就沒人能阻止我當一天的編輯。我的這股傻勁跟作者應該有得比吧！編輯是一種有趣的職業，我們在辦公桌前師承著技藝，透過各種「非課堂」的管道學習如何當一個編輯。包含這本書在內，想進入「編輯這一行」，除了充滿熱情、帶點天真理想外，也別忘了站到前輩的肩膀上，才能看得更遠。

——編笑編哭

職業としての「編集者」

日本實用書傳奇編輯，從四十年經歷剖析暢銷書背後，編輯應有的技藝、思維與靈魂

編輯這一行

Katayama Ikko

譯＝李漢庭

片山一行

我的編輯生涯——代替前言

◈ 從遇見某個出版人開始

我成為所謂的「商業書編輯」已經過了快四十年，到了這個年紀感覺保存期限都要過了，才動手寫下這本書。

我要先說清楚，本書並不是談編輯的論文，也不是編輯與作家的交遊回憶錄。而是針對一個單純的問題：「要怎麼做出好書，或者暢銷書？」來提出我的回答。或許反過來說，也就是我對「何謂編輯？」這個問題的回答。

所以本書後半都在說明「商業書的架構是什麼？」「前言的寫法」「書名的取法」「怎麼想書封設計」……之類的技能與知識，對我來說這也算是「編輯論」的一部分吧。

「何必在乎那些小事？只要企畫好，書不就會大賣了嗎？」

我想很多人是這樣認為，這麼說也沒錯，編輯的關鍵就看企畫力。但是有時候，那些不起眼的小工夫也會左右銷售數字。

以往有許多編輯前輩們寫過「何謂編輯？」這種書，但談的大多是文藝書編輯、雜誌編輯。而我的編輯生涯，經手的絕大多數是實務商業書、自我成長書，因此我希望從「商業書編輯的立場」來寫這本書。

這倒不是說本書對文藝編輯沒有幫助，我本身也會編輯雜誌、小說、散文、詩集，只是我認為「只要會做商業書，那麼八成的書都會做了。」因為做商業書，需要各式各樣的編輯竅門。

我會在書中多次提到，編輯就是歌舞伎的黑子，就是做幕後，主角是作者，是排版、插畫家這些工作人員，還有「讀者」。我個人的理論，就是編輯不該大鳴大放。我這樣的人寫這樣的書，應該會被罵說自我矛盾，這我虛心受教。但是當一個幕後，應該也能留下點什麼吧。

編輯能做什麼，又該做什麼……？

暢銷書就是好書嗎……？

有賣不好的好書嗎……？

怎樣的封面、書名、標題才能震撼讀者……？

企畫的點子哪裡來啊……？

我希望用本書來摸索上面這些問題的答案。

談編輯的書很多，但是回答這些問題的書卻意外地少，可能因為這些問題只能意會，不能言傳吧。

這些問題就像「何謂文學？」「何謂詩詞？」境界太高，沒辦法給個明確的答案。

但是我在這行做了快四十年，自認了解不少做書的竅門，竅門也就是技術。當然，有了技術不代表能成為好編輯，但我認為當編輯應該了解基本的理論。

我不知道能寫出多少理論，就盡力而為吧。

每個人都有自己的個性，有人生觀、思想與知識。編輯的工作，就是運用自己所有的能力，去應付作家、裝幀設計師、印刷廠。換句話說，「編輯」這一行就是融合自己的一切來形成「人格」，正面迎戰作者與出版業者，最後堆砌出「書本」交到讀者手上。

而這樣的「書本」應該要是好書，要是暢銷書。

有個朋友勸我寫下這本書，這朋友是我的高中同學。

高中畢業之後，他考上京都的大學，我考上東京的大學。後來他進了ＰＨＰ研究所工作，我則是去了中經出版。目前ＰＨＰ研究所是主打商業書的大型綜合出版社，但是在一九七五年那時候，「商業書」的類型才剛問世，我朋友以菜鳥的身分協助創辦《VOICE》，之後年紀輕輕就當上了《THE21》的總編。

我大學念的是文學系，學生時代幾乎沒碰過什麼商業、經營、經濟的學問，但是畢業後就業的中經出版，卻是主打「經營實務書」的出版社。於是我三十歲那年辭掉了中經的工作，一年後的早夏進了「かんき出版」，かんき出版社目前是商業書的中級出版社，但是我剛進去的時候，是只有幾名員工的小公司。

過了幾個年頭，かんき出版社開始成長茁壯，當時的社長把我朋友帶進公司介紹給我。我知道他在ＰＨＰ工作，他也多少聽說過かんき出版社，但當下我們才知道，雙方都念過四國鄉下的宇和島東高中，還是同學年。

後來我們一個做雜誌編輯，一個做書本編輯，也是經常把酒言歡的好朋友。

◈ 當自由編輯所學到的東西

之後又過了幾年。

歷經不少事情，我辭掉了這份工作，當年我四十五歲，距今十七年前了。我辭職的時候，かんき出版社的規模已經今非昔比，我也小有名氣，成了商業書界的某種研發人員。

當時我朋友說了：

「你在商業書的圈子打出不少『新機軸』，往後要不要在出版業推廣你的竅門？就當創辦一間『片山塾』吧。」

可惜當時我精疲力盡，沒有這樣的野心，也沒心情創辦新的出版社。我的任務本來應該是當個主管或教練，在かんき出版社內部創辦他所說的「片山塾」來指導後進才對。

說真的，會選擇當編輯的人都很有個性，好壞則另當別論。管理有個性的人相當困難，但就算管不動下屬，也應該「教育」好下屬。當時我的心靈並沒有那樣的「韌性」，只有個幼稚的念頭，不擅管理就該辭職。

「你都過四十了，你的任務就是管好下屬，教育後進。」

我當時的主管一直這樣建議，但是我聽不下去，真要說的話，我希望待在又髒又累的第一線，就像本田宗一郎先生那樣。

又過了二十年，現在我才明白「我想永遠待在第一線開心做書」只是一種任性，可惜辭職當時的我，幼稚到可悲。

「片山塾」就這樣胎死腹中了。後來我當了自由編輯，跟幾家出版社做過事，合作過程中受到震撼。我在幾家出版社做著類似編輯顧問的工作，才發現自己是個「教育狂」。我看到跟自己兒女差不多歲數的年輕編輯，就毫不保留地把自己做書的竅門與哲學傳授下去，讓他們做出暢銷書。

看到新人做出暢銷書，我也替他們高興。而在教育的過程中，我也理清了心中朦朧的思緒。

我當了快二十年的自由編輯，真的學到很多。

我辭去了出版社的工作，並沒有成立所謂的「編輯製作公司」，我在かんき出版社的時候絕對不是個「好主管」，也不是個「好教練」。如果我成立編輯製作公司，請一堆人來給我管——那我究竟為何要辭掉工作呢？

難得當了自由編輯，我想自由地跟人一起做書。

我的工作形態就是「一人編輯製作」，所以每年參與製作的書本只有十本左右。但是除了企畫編輯工作之外，我也擔任所謂的「編輯顧問」，教導某個特定編輯，或者整個編輯部。這麼一來，我當然會跟年輕編輯深入交流。

結果無心插柳柳成蔭，我還是開辦了「片山塾」。

◈當好「編輯」這個職業人士！

故事再往回走，我年輕的時候就很嚮往「鄉村生活」，每次看到設計師或作家在三線城市生活，我就會想：

「總有一天編輯也可以離開東京，到三線城市工作。」

其實我剛辭掉かんき出版社的時候，打算立刻就搬去三線城市，想說乾脆回故鄉四國找個地方工作吧——但是四國離東京可是有一千公里，我實在沒那個勇氣。

但是網路時代突然來訪了。我是碰到幾個要克服的問題，不過心動不如馬上行動，我立刻搬到愛媛縣松山市郊區的鄉村，離我的故鄉宇和島市，不到一百公里。

歡送會上，之前勸我開「片山塾」的朋友這麼說了，

「你沒有創辦形式上的『片山塾』，但是這十年，你在かんき出版社外面收了很多學生。當一個缺乏資源的自由編輯，還是做出了暢銷書。不如把你做書的竅門、信念跟哲學，寫成一本書吧？」

這讓我不禁要想，我沒有偉大到收什麼學生，反而是我自己學到更多。年輕編輯的感性，對我來說總是充滿刺激。

我猶豫了一陣子，最後決定承接這位朋友的意志。剛開始寫書，有太多「無法一言以蔽之」的東西，讓我一行都寫不完，曾經整天就呆坐在電腦螢幕前面。所以我寫的東西可能有點條理不明，還請讀者多包涵。

編輯這一行是很深奧的。當編輯並沒有一個「這樣做肯定大賣」的竅門，或許有吧，但是每本書的作法都不盡相同，我也很難拍胸脯保證說「就是這一招！」

所以我接下來的文章，可能不時出現一些老王賣瓜的字句，我只是想盡力將這些「難以言喻的竅門」寫成文字罷了。

◈ 現在正需要「編輯力」

辭掉かんき出版社的工作成為自由編輯之後，我弄了個方便稱呼的頭銜叫做「出版製作人」，但我基本上是個「編輯（editor）」，只是出版業之外的人不太懂編輯的工作內容。

要做一本書，首先要有作者，有企畫，才能繼續做下去。編輯工作的第一步，就是琢磨企畫，跟作者討論，找出書本的大綱。當作者寫好原稿，編輯就要看。或許大師的作品不能字字句句都改，但普通作家的稿子，編輯就可以「手工精修」。

尤其當不是專門寫作的醫師、顧問等專業人士要寫書，編輯就得在尊重作者意願的前提下，修改作者的文章。

然後，編輯要編排書本，方便讀者閱讀。在編排過程中，訂下章節標題，思考書本的門面「書名」，把書名的想法與封面設計的印象轉達給封面設計師，找人安排裝訂（不只是封面的圖案，還要決定紙質）。這時候設計師已經有了幾種設計提案，編輯要比較檢討，然後還要考慮排版（字型、字體大小等等）。

有這麼多繁複的工作堆疊起來，才總算完成一本書。

由於我先前工作的出版社很小，我幾乎參與過做書的整個過程。而且我本來就喜歡寫文章，所以也當過代筆。

有人把編輯比喻為廚師，比方現在有一份原稿，交給兩位編輯自由處理，那肯定會變成兩本不一樣的書。就算兩位編輯都在同一個編輯部，依然如此。

就這點來看，編輯掌握了原稿材料的生殺大權，因此責任重大，也更值得去做。跨越幾道門檻，辛苦完成一本書，而且還登上暢銷書寶座，受到作者與讀者的喜愛，那真是難以言喻的喜悅。我想眾多編輯，都會對此成癮的。

言歸正傳——

我想利用本書重新思考什麼是編輯，編輯又是什麼樣的工作。但是我的答案，應該跟先前文藝出版的編輯前輩們所寫的不太一樣。要說哪裡不一樣呢——就如我文章開頭所提到的，我是從商業書的「立場」來寫這本書。

商業書的起點是「經營實務書」，如今已經包山包海，在這之中，我想順便探討「何謂商業書？」「何謂暢銷書？」「做這些書有什麼『竅門』？」

我寫的當然是自認為的「編輯方法論、地位論」，其中不只提到做書的技巧，還描述一個編輯的思維與「堅持」。這對現代的年輕編輯來說，可能是過氣的哲學了。

但我認為這些東西不寫，就不能表達我的「心意」。同時我也用了很多篇幅，來介紹做書的方法論。就像第三章，講的幾乎都是方法。

如果讀者能夠看見我心中的編輯形象，便是我的榮幸。

在電子書時代來寫「紙本書」的編輯或許很荒謬，但我打從心底喜歡編輯這一行，而且是商業書編輯這一行。

能夠一直做「編輯」這一行，是我的驕傲。

我想用這本書整理我這個人的「原點」，以及「我想像中的編輯是什麼？」「我想像中的編輯技術是什麼？」或許跟過去市面上的編輯書方向不太一樣，但這也就是我的編輯論，各位讀者只要能夠藉此思考編輯這一行就好。

＊

我想許多編輯都是體驗主義者，我更是其中的典型。編輯這一行其實是偷竊，沒辦法用口頭來傳授……說真的，即便是正在寫這本書的現在，我還是這麼想。但至少我想要試試看，希望多少能寫成文章。

目前出版界正面臨巨大的過渡期，撐過這道難關是所有出版人的共同課題。尤其編輯身為「製作者」，更要絞盡腦汁。如果這本拙作能夠讓各位編輯，書店、盤商、印刷廠等印刷業界人士，以及許多勵志要進入出版界的人，獲得一點參考，這便是我的榮幸。

二〇一五年二月　　編輯　片山一行

編輯這一行

目錄

我的編輯生涯——代替前言 3
■從遇見某個出版人開始 3
■當自由編輯所學到的東西 7
■當好「編輯」這個職業人士！ 9
■現在正需要「編輯力」 11

【第一章】編輯是怎麼樣的職業？ 27
——編輯是超越藝術家的專業人士
‖編輯是打造「書本」這項「商品」的第一線專業人士，
但並非主角。

1 私論．何謂出版與編輯應有的樣貌？ 28
■夾在編輯這份職業與營利主義之間 28
■編輯外包化的陷阱 31
■重新檢討「為什麼要出版這本書？」 33

2 簡單「編輯」二字，其實五花八門 36
■編輯在商業書中的立場 36
■想聽人說「感謝你寫出了我想說的話」 39

■你能附身在作者與讀者身上嗎？ 42

3 希望編輯有副「好心腸」 44
■編輯並非單純的幕後 44
■要有幕後的自覺與驕傲！ 46
■要了解幕後才有實際的「權力」 48

4 從一段自己的歷史開始 52
■「商業書」是怎麼誕生的？ 52
■「暢銷至上」這個想法的是與非 55
■模仿者有禮貌與尊嚴嗎？ 57
■商業書編輯才更該有「靈魂」 60

5 當個有編輯魂的編輯 64
■有人對你說過「同類型的書裡面，你的最好懂」嗎？ 64
■「暢銷書」並不一定是好書 67
■來點跟暢銷至上主義唱反調的「硬撐」也不錯 69

6 以長銷書為榮！ 72
■所有新出版的書都在比平台！ 72
■目標是做出一定會再版的書！ 74
■你能編輯出滿足讀者的書嗎？ 76

【第二章】編輯該具備的基礎條件 79
——「編輯」就是無所不能的幕後
編輯要賭上自己所有的人格，跟作者交涉，完成書本交給讀者。

1 那麼，何謂編輯的適性？ 80
■編輯有一定程度的理論 80
■你有不怕失敗的決策力與行動力嗎？ 82
■你有一頭栽進任何事物裡的好奇心嗎？ 84
■你有夢想與熱情嗎？ 86
■要喜歡「人類」 88

2 你能好好聽人說話嗎？ 92
■擅長聆聽的人，就能吸引情報與人員 92

■有幾招讓你擅長聆聽 94
■對話的竅門，就是換口氣再反駁 95
■記得常保微笑 97

3
「保持與讀者相同的高度」 98
■追求「感動讀者的書」 98
■「讀者的高度」大概是多高？ 101
■讀者也就是「會買書的人」 103

4
編輯該有的成本觀念 104
■並不是一股腦降低成本就好 104
■要思考「改變這則標題可以增加多少讀者」 106
■書名頁背面要是「白頁」！ 107

5
要看其他類型的書 110
■向參考書學習 110
■封面設計是提升書本魅力的第一關 112
■最重要的還是「內容」！ 113

【第三章】好書和暢銷書是這樣做的！ 117
——編輯需要的幾項「技術」是什麼？
‖編輯技術包括了原則與理論，
‖但它們並非枯燥乏味的準則。

1 「企畫」是怎麼做出來的？ 118
■編輯要見到人才能做生意 118
■沒有書名的點子就成不了企畫 120
■全力思考想對讀者表達什麼 122
■大綱要嚴謹還是粗略？ 124
■隨時思考「修飾成果」 126

2 商業書編輯的「企畫、建構力」 128
■商務人士看的書，就是商業書 128
■企畫力就是靈感 129
■編輯的原點在於「？」與「！」 131
■企畫力也就是建構力 133

3 「前言」這部分就是要抓住讀者的心 136
■「前言」要使上全力！ 136
■前言就像藥品的療效說明 139
■要有勇氣，別怕重複 144

4 做目錄的方法 147
■編輯其實不太看企畫書？ 147
■網路書店可以看書的開頭 148
■企畫書也要從「書名」開始 149

5 何謂編輯需要的「文章力」？ 151
■看懂作者想表達的內容 151
■用「總之」來收尾 152
■帶點正面的「草率」 155
■能不能讀得順暢？ 156

6 如何把文章寫得好懂 159
■「好文章」的定義會與時俱進 159
■換行的重點是？ 161
■精準無比的文章，就像法律條文 163

7 「好懂」的條件是什麼？ 166
■沒必要「從頭到尾都好懂」？ 166
■最後加點比較厚重的內容與「後記」 168

8 標語力變得不可或缺 170
■編輯也是標語寫手 170
■要怎麼掌握讀者心理？ 172
■讀者也有很多種？ 174

9 編輯設計的必要性 178
■封面與內文都要追求時髦的設計 178
■設計好的書就好賣，但設計並非一切 179
■目前是怎樣的設計、書名、封面最受歡迎？ 181
■用「包裝」來思考書本設計 182
■作者簡介要寫些什麼？ 184

10 商業書中的「圖解書」作法 186
■真的有圖就「好懂」了嗎？ 186
■圖的「資訊量」不能太多 187
■像電路圖一樣的圖表沒人懂 189

11 **圖解與標題的關係？** 196
■圖表不是電視新聞的背景 196
■圖表與標題要有律動！ 197
■用圖表整理內文的內容！ 199

12 **圖解書的「分水嶺」正在改變** 202
■編輯怎麼應付最近的圖解書趨勢？ 202
■多元化的圖解書將如何發展？ 203
■要跟上時代，但不隨波逐流 205
■仰賴準則就不會進步 207

【第四章】**出版界瞬息萬變，編輯如何因應？** 209
——為何我現在要重新檢討「何謂出版，何謂編輯」
編輯是綜合藝術家，也是優秀的行銷人員。
最重要的是，編輯要有骨氣。

1 **編輯的職責不斷改變** 210
■編輯的行銷工作是什麼？ 210

■商業書這個「類型」正在改變 211
■出版還是要做得成生意 213
■希望當個超越理論的編輯！ 215
■愈來愈多元的商業書 217
■不去書店就不配當編輯 218

2 企畫要自己想！ 220

■作者與企畫不能靠代理商處理 220
■編輯彼此切磋琢磨，可以提升品質 222
■電子出版時代更需要企畫力 224

3 出版社的方針與良心 226

■出版社是「資訊產業」嗎？ 226
■出版社就是要把一切資訊都推出到社會上嗎？ 228
■編輯要有行銷品味與骨氣 230

4 有時候，編輯也是栽培作者的職業 232

■搞清楚作者要說什麼 232
■作者的原稿差一點才好 233
■思考互相栽培的意義 234

當一個做書匠，一個做書專業人士——代替後記 237
■正因為「手工」還留著…… 237
■編輯要有「個性」！ 240
■編輯要隨時提出質疑 242
■編輯不是「準則」！ 243

【第一章】編輯是怎麼樣的職業？

——編輯是超越藝術家的專業人士

編輯是打造「書本」這項「商品」的第一線專業人士，但並非主角。

1 私論・何謂出版與編輯應有的樣貌？

◈ 夾在編輯這份職業與營利主義之間

我的職業是「書籍編輯」，做編輯這一行將近四十年。編輯也有很多種意思，比方說電視節目的編輯，就是要剪接影片上字幕，做成半小時或一小時的節目。

正如前言所說，我還可以算是個「商業書編輯」，跟文藝或雜誌編輯相去甚遠。

不用我多說，目前出版業正面臨重大的變化。大概從四十年前起，人們就愈來愈不喜歡看書報，雖然出版制度本身碰到了瓶頸，但不管怎麼說還有電子書浪潮。我認為呢，負責做書的編輯們應該對此一頭霧水。

目前全國所有書店的銷售數字跟進書數字，幾乎都是即時統計出來的。

「那本書很賣。」

「那個作者很賣。」

到這裡都還好，編輯可以做出比暢銷書更暢銷的書，也可以請暢銷作者寫不同的主題。但是如果編輯不振作，就會做出異曲同工的書，然後交給「業務」來賣。在數位主義之下，無名作者的原稿很難出版，也就很難栽培新作者。

這樣下去就不會有創新的企畫，就算做出來了，也會因為「沒有前例」而胎死腹中。這樣真的好嗎？紙本書還是有可能暢銷，而且電子書也是需要「編輯」才對。

如今出版已經是一門成熟的產業，我並不否定營利主義，但是不是有點搞錯了？一本書賣不賣當然很重要，但是用優秀的想像力與企畫力打造出全新的書本，才更加倍地重要。

因為這樣的書，自然而然就會暢銷。

出版原本是出自編輯的「志向」，原本像是小規模的家庭代工，但是當出版業也變成「大企業」追求利益，業務資料就會左右出版企畫。

卡爾・馬克思這麼說過——

出版最大的自由，就是它並非經營。

馬克思所說的「出版」當然與現在的出版不同，出版應該是讓作家問世的行為，不能想從中獲得利益——這是一種深刻的探索，探索何謂「出版的原點」。

這句話放到現在可能已經過時，但是出版業會落到現在這危機重重的地步，跟提倡獲利至上主義、減少好書出版脫不了關係。

好書是什麼——？

就是作者與編輯對峙到最後關頭，每一頁都精心編輯，然後讀者認為「買了值得」「看了值得」的書。如果以我做的商業實務書來說，就是「好懂」、能打動人心的書。

只要出好書，出版業就會復甦——我沒有詩意到會提倡這種話，但是既然挑了編輯這一行，而且要繼續做下去，我希望能不斷質疑「編輯是什麼？」

這個問題很難有答案，我想重點在於不斷地質疑。

◈ 編輯外包化的陷阱

現在桌面出版（DTP, Desktop Publishing）已經成熟，有些編輯部的編輯已經變成作業員。我個人認為，只要有優秀的桌面出版作業員，編輯並不需要自己做桌面出版，但話說回來，現在的桌面出版軟體都很好上手，光是用電腦打字就能做出版面。這點我只能接受，畢竟是「時代的進步」。

編輯必須跟上時代的變化。

真正的問題是「編輯外包化」。

編輯就是要定企畫、想大綱、煩惱排版、絞盡腦汁寫標題、校訂原稿……我到現在還是這麼想。但是最近的出版社編輯部，卻通常不做這些事。

「請幫我們做這本書好嗎？」

出版社先是委託編輯製作公司，編輯製作公司照出版社的想法做出一份原稿，交給編輯部看，編輯部檢討之後提出需求。

「這裡可以稍微弄成這樣嗎？」

許多編輯製作公司都有在做桌面出版，所以就算出版社說：

「請把這裡的紅色改成藍色，給我一份樣本。」

也能簡單達成。我現在常常接到這樣的要求，可見出版社編輯有多麼缺乏想像力，連「把紅色改成藍色會怎樣」都想像不出來。

「想像力」是編輯不可或缺的要素啊。

現在的電視圈，許多節目都發包給製作公司，電視台成了「賣訊號的公司」，我擔心出版業也會變成這樣。

某人說過「出版業淪為跑業務」，我並不是說業務不好，今天不是每本書都由作者自行出版，出版社只要是企業，就必須追求利潤。要利潤，就要做行銷，業務員就要跑起來。

這代表了出版業的成熟，我為此感到高興。

但是呢——

這只是我個人的見解，做東西的人與賣東西的人，想法與作法都不一樣。一個產業成熟，代表業務活動發達，然而編輯是否太過依賴業務資料，少了勇氣去「試著做些好東西，暢銷的東西」呢？我認為這才是編輯的起點，這樣才能催生出暢銷書，而業務的想法則不同。

編輯看到自己做的書賣不好，是不是就孬了，覺得「都是出版業不景氣害的」？最糟的是，編輯的工夫是不是變差了？

◈ 重新檢討「為什麼要出版這本書？」

隨著出版業發生巨變，編輯所處的環境……不，應該說出版行為所處的環境，明顯也發生改變。我想這個時代，編輯也必須做出改變，有些高強的編輯主張：編輯不該只當個幕後，應該正面地拉著作者跑。

我並不否定這個說法。

但是我想跟這樣的想法劃清界線。

這並不是所謂的編輯製作原理主義，我沒辦法說清楚，總之編輯與作者是對等關係，是夥伴，沒有哪一方應該拉著另一方跑。

不僅是作者，與出版相關的所有人——比方說排版設計師、插畫家、印刷廠，大家都是平等的。出版社經常委託工作給插畫家，但千萬不能高高在上。

出版社當然必須賣書，但同時也可以推出一些讀者不多，但有正面意義與價值的好書，兩者並不衝突。

比方說出版社老闆常常對員工說：「衝高營業額！」「本月重點書是這本！」經營人的任務或許是鼓舞員工衝高業績，但是經營人還有更大的目標，就是告訴員工一個方向：「我們為何要出版這本書。」如果沒有方向，那麼經營人講話就跟業務部長、總務部長沒什麼差別。

每個行業都一樣。「我們為什麼做這個，對用戶有什麼好處，最重要的是我們為何做這一行」——我們必須常常質疑這些事情。

而編輯呢，跟經營人也是一樣的。

編輯當然也該考慮營業額，但是一個編輯沒考慮「為什麼要做這本書？」「出版這本書的意義是什麼？」就會被獲利至上主義給吞噬。

「所有書都希望被人看見。」

我認識的一個高超業務這麼說過。他是業務員，但也會熱情地對我這個編輯說：「我不會做編輯，但是我想做這樣的書！」他會跟作者通宵討論怎麼賣書，有些看來賣不出去的書，到他手上就成了熱賣幾萬本的暢銷書。

我想他就是有編輯心態，才能說這種話。

之後會提到，出版社既然也是企業，就要考慮「庫存」「退貨」的問題，並不是什麼書都大批堆在書店裡就好。但是呢，

「這本書只要上架一本，慢慢賣，細水長流。」

這樣的想法等於一開始就放棄了「大賣」的可能，我不喜歡一開始就想打短打的編輯。

2 簡單「編輯」二字，其實五花八門

◈ 編輯在商業書中的立場

前面已經說過，編輯這份工作很難懂，電視電影裡面常看到那種膽大包天，講難聽點就是常常罵人的火爆總編，然後兼職的美女編輯十項全能卻遭到冷落。不然就是編輯辦公桌總是亂七八糟，堆滿書本與資料……

其實這些完全都沒錯，只是編輯的工作還要更乏味、更複雜，無法用戲劇來表現。確實有很多重要的協商與企畫會議，但大部分的工作都是「雜務」，比方說影印文件，花好幾個小時想個小標題等等。

打電話請作者寫作之後，就要整理企畫書，還要去書店研究市場。

另外呢，辦公桌整齊清潔的編輯可能是少數，但最近大家都用電腦寫原稿，所以現代編輯的辦公桌上通常只有筆電跟幾本資料。我倒是不習慣筆電的鍵盤，所以都用桌機。再加上我眼睛不好了，螢幕大點也比較舒服……

總之呢，編輯工作就是雜務大集合，無論哪種編輯都一樣。

「哪種編輯？」

有人會想，出版業有很多種編輯嗎？當然多的是。

週刊編輯，寫實磚頭書的編輯，名片上的頭銜都是「編輯」。但是週刊編輯總是被時間追著跑，磚頭書的編輯可能要花一兩年來做一本書。如果是字典編輯，就要花更多時間，工作也更乏味。

而說到週刊，漫畫週刊與八卦週刊又完全不同。

有插圖、圖表、漫畫的書籍，等於加入了許多元素。要精準處理這些元素，其實相當辛苦，我會在第三章詳細解釋這點。妥善運用圖表，在這個視覺化時代是編輯的必要條件。

文學書通常賣的是作者的名號，所以編輯要纏著作家，想著怎麼逼作家寫出好原稿。文學編輯在收到原稿的時候，工作已經完成大半了。

但是我做的商業書與實用書，就常常修改作者的原稿，而且因為圖很多，相關工作人員也很多，比方說有插畫家、平面設計師等等。

編輯這簡單兩個字，卻會因為「書本的內容與形態」而大不相同。

唯一的共同點，就是編輯必須盡量與「作者」拉近關係，成為一道橋梁，將「書本（雜誌）」送到讀者手上。有時候，編輯還得「安排」作者。

極端的例子就是「自費出版」。

這種情況通常就是有個人對「做書」完全陌生，然後對出版社提企畫說「我也想出書。」就算不是「暢銷主題」或「暢銷內容」，只要作者願意出一定的費用，出版社就會出書。

這是自費出版的典型狀況，先不提這樣做生意是好是壞，但總需要個編輯。我曾經編輯過好多本自費出版書，做自費出版的重點，就是請作者全都交給我來辦。

「說到做書，我是專家，請放心交給我，我會做出一本好書。」

這麼一來，編輯才能掌握工作的主導權。

「只要交給那個編輯，他就會幫我修改文章的缺點。」

這就是要強調的重點。

◈ 想聽人說「感謝你寫出了我想說的話」

為什麼我會提到自費出版這麼極端的例子呢？說穿了，大多商業書的作者，文筆都不是很好，卻有法律、稅務等專業知識。所以他們寫的文章艱澀難懂，看來就像學術論文。

如果是專業書籍，艱澀倒沒有關係，但想要讓讀者感動說：「這本書真好懂！」就少不了淺顯易懂的文章，需要將專業知識寫得平鋪直敘。第151頁起會探討編輯的文章力，在這裡點到為止就好。

最近愈來愈多會計師跟律師能夠寫出平易近人的文章，但還是有太多專業內容，編輯就是要修改這些部分。

這在出版業的術語叫做「改寫」（rewrite）。

第三章也會提到改寫，總之我認為一個商業書編輯不懂得改寫，就算不上優秀。

「感謝你把我想說的話都寫出來了，就好像我自己寫的一樣。」

一個優秀的編輯，必須讓作者寫出這樣的感謝文。這可以加深作者對編輯的信任，栽培作者，也栽培編輯本身。

改寫並不是要寫得像文學作家一樣優美深奧，實用書不是小說或散文，要以好懂為第一優先。

能夠寫出好文章當然是再好不過，但我為了讓文章好懂，會增加換行次數，甚至先說結論。

有些作家的文章寫得很美，但是得一口氣看個兩三頁才能看到結論。就「享受文章」「享受故事情節」的觀點來說，看個好幾頁才得到結論、發現伏筆，或許比較好，但是大多讀者會要求商業書必須又快又好懂。

比方說有個章節是「通貨膨脹的機制為何？」如果要看個兩三頁才知道「與利率和匯率有關」那就太遲了。

起承轉合是文章的基礎，但是我認為大部分的商業書、實用書，其實可以先說結論。先說「合」，然後不知不覺套入起承轉——這就是好的實用書，答案愈早出來愈好。

我常常大手筆修改作者的原稿，但是會盡量留下作者的文筆習慣。如果不留下作者的東西，會讓作者覺得「我的原稿被砍得面目全非」，就沒辦法建立起好關係，也就很難從作者身上激發出原稿之外的「某些東西」了。

也就是說，商業書編輯跟文學書編輯，必須從不同角度去切入作者的內心。像《簡單經濟》、《簡單會計》這種教學書，必須看懂作者對經濟與會計的「態度」來寫成文章，否則會變成枯燥乏味的說明書。

「我懂了！」「原來是這樣啊！」如果沒有寫成這樣的文章，讀者看了好像被人教訓一樣。沒錯，教學書就是要「教人」，但是讀者學得無聊，或者學得開心，吸收程度完全不同。編輯在改寫的時候，務必要將此銘記在心。

商業書有很多種類，最近商業書的主流比較接近自我成長書，教人家何謂人生、如何溝通、時間活用法等等。

「既然不是實用書，而是自我成長書，那就不必考慮好不好懂了吧。」

千萬別這麼想。就算是自我成長書，如果教人家怎麼過生活、怎麼交談，一樣算是教學書。如果沒有與作者深交，就很難激發更多知識出來。

另外從「企畫」面來說，假設今天請個有證照的會計師來寫會計經營管理書，結果意外發現他是個整理魔人，那我就會想，能不能提個企畫叫做「國家證照會計師的整理術教學書」呢？

能不能寫出專業領域之外的什麼——編輯必須經常想這個。會計師寫會計經營管理，律師寫法律……這樣算不上是提企畫的編輯。找出有沒有別的可能，才是跟讀者交情最深的編輯。

◈ 你能附身在作者與讀者身上嗎？

編輯是作者與讀者之間的橋梁，所以必須隨時都在思考「讀者想知道什麼？」「讀者對市面上的書有哪裡不滿？」不管白天晚上，於公於私，都要保持彈性的思維想說：「這可能有搞頭喔！」

「讀者想知道的事情」應該有很多，好編輯就知道找需求的「竅門」，好編輯會架好天線，隨時蒐集資訊，仔細聆聽周遭的人嘀咕說：「希望有這樣一本書。」

我常常對年輕編輯說：「如果你有辦法附身在讀者身上，就會想到新企畫了。」這其實很深奧，人家問我「做企畫的訣竅在哪？」我也沒有明確的答案。但是我可以說，想附身在讀者身上，就要仔細觀察讀者的行動與想法，隨時蒐集資訊。

除了想企畫之外，改寫的好壞也取決於能不能附身在作者身上。這位作者真正的心聲是什麼？隱藏在艱澀文章背後的「真心話」是什麼——我想抓住這個。我剛才也說了。

「感謝你把我想說的話都寫出來了，就好像我自己寫的一樣。」

能夠讓作者寫出這樣感謝的話，才是個好編輯。這代表編輯與作者合而為一，也就是附身。

只要編輯認真與作者交流，就能掌握到作者的文筆，作者的思考方向。編輯工作的第一步，應該是先摸清楚作者的個性。

3 希望編輯有副「好心腸」

◈ 編輯並非單純的幕後

人家常說「編輯就是幕後」，編輯確實不能比「作者」更出鋒頭，但我要重申一次，編輯也可能大幅修改作者的原稿，我認為這是難免的事情。

但是當編輯要修改原稿，如果抱著「這份原稿太難懂，我來幫你修」的態度，這本書肯定賣不好。就算賣得好，編輯跟作者的關係也打不好。要先對原稿有副「好心腸」，才能跟作者平等相處。

寫原稿是很辛苦的工作，就算作者交出來的原稿很難懂、文筆又拙劣，對編輯來說依然是「璞玉」。所以在改寫的時候，必須抱持「請讓我替您修改」的態度，這就是所謂的「好心腸」。

另外編輯千萬不能生氣想說：「你的內容跟文章誰懂啊！」假設看到一份根本沒用的原稿，會動怒也是難免，但請先忍著點，我認為編輯的肚量，就看這時候能不能有副好心腸。

也是有例外的。現代人都用電腦打原稿，尤其在自我成長書這一塊，開始有些作者拿之前的原稿來複製貼上。《三字頭開始要做的事》、《當個能幹人的關鍵》、《在網路時代輕鬆賺大錢》像這類的書，很多人會大量引用自己之前的著作。

這種作者，基本上我是不想碰的。作者必須認真地想說「我無論如何都要寫出這個東西」，沒有這種氣魄的原稿，就感覺不到東西。沒有內容的書就賣不出去，聽起來很老套，但是缺乏內容的書就算一時暢銷，也肯定撐不久。

以大多數的商業書來說，作者是提供材料的人，而優秀的編輯就像廚師，向漁夫或菜農採買海鮮蔬菜，做成色香味俱全的好菜。

編輯同時也是「讀者第一號」，必須代表讀者對作者提出意見，互相腦力激盪，追求「讀者認為好懂的內容」「讀者會感動的內容」。無論文章或圖解，都得把作者的意圖傳達給讀者才有意義。編輯這一行，就是要隨時把「讀者」放在心裡。

話說回來了……如果我說了這段話，往後可能接不下去，不過無論是編輯或設計師，任何做創意工作的人，最少不了的能力還是「品味」。沒品味的人做不出好書或暢銷書，這個品味也可以說是「本能」。

確實是有些理論可以提升你的技術，有方法鍛鍊出做暢銷書的品味，但是要費很大的努力與心思才學得來。我希望在這本書裡，盡量描述這些努力與心思。

有品味的編輯，一開始就占了優勢，但若因此自滿，品味就會變差。

◈ 要有幕後的自覺與驕傲！

我有一位很尊敬的出版人，名叫小宮山量平先生，他創辦了理論社這家出版社，發掘出灰谷健次郎等優秀的作家。如果我說這家出版社出版過倉本聰的劇本，各位或許比較熟吧。

他直到幾年前都還是現任的編輯，享壽九十五歲。

三十多年前，小宮山先生在散文裡說過類似這樣的一段話：

在作者眼裡，編輯某方面掌握了他的生殺大權。不管什麼樣的原稿，只要編輯不說「不錯喔，出書吧。」就永不見天日。編輯必須有自覺，自己擁有這樣的權力，只要有自覺，就不會說出「就讓那個作者來寫吧」「就用那個寫手跟設計師吧」這樣的大話。一旦這樣對作者，你立刻就不配當個編輯。

我是二十八歲的時候看到這篇文章，當時我所在的編輯部，常常有三四十歲的顧問、稅務士拿原稿來「毛遂自薦」，通常都是沒沒無聞的作者。

像他們這樣的職業，著作就等於是「名片」，有著作就比較可靠，本業的顧問工作也會增加，出書的版稅倒不是原本的目標。

但是抱著「印名片」心態來寫書的人，他們的原稿通常都「派不上用場」，通常都會說聲「很遺憾」就退回去。而這種事情做久了，編輯就會有種錯覺，以為自己很偉大。

這很恐怖，我認為千萬不能把權力當成理所當然。

目前我是個自由編輯，然而待在出版社裡面的編輯，有些會以為自己套上了公司的名字，就變成○○出版的哪位大人物，自以為高高在上。當我成為自由身，就常常看見這樣的人。出版社的編輯部人員有個使命，就是「做出暢銷書與好書」，但同時也是領薪水的上班族。

自由編輯如果做三本賣不好的書，就再也沒工作了。

無論如何，小宮山先生的話如今依然是我的座右銘，我隨時提醒自己、警惕自己。商業書的原稿確實常常修改，但如果有「你這原稿真爛，給我重寫」的心態，就是把人給看扁了，那就不配當編輯了。

◈ 要了解幕後才有實際的「權力」

製作一本書或雜誌，是許多人共同完成的事情，編輯要與作者和設計師不斷協商，甚至爭論，搖搖擺擺地走到書本完成的那一步。就這個層面來看，編輯也算是「做書」這項計畫的指揮官。

但是指揮官並非樂團指揮，書本編輯很少跑到「幕前」。有時候我們會在序或後記裡看到作者寫「多謝〇〇編輯關照」，但並不會看到編輯的照片，所以編輯終究是幕後。話說回來，編輯也不能去拍作者馬屁，所以與其說是幕後，不如說是「搭檔」。

能幹的編輯確實具備企畫力，也有給書本命名的好品味，還能精準嗅出「暢銷書」的味道。只要優秀編輯一出手，原稿就會脫胎換骨。

即使如此，書本的主角依然不是編輯，而是誠實的作者。

最近出版社面臨企畫不足的窘境，主要都在委託知名作者寫書，這些知名作者則通常把自己的演說錄音，交由代筆來寫成原稿，所以我不相信那些每個月都在出書的作者。像會計師或律師，如果要兼顧本業又「認真」寫書，每年只能出個位數的書。所以當我遇見嘔心瀝血、真心誠意寫出來的原稿，我就會正襟危坐，嚴肅地拜讀。

然後我希望編輯在判斷原稿好壞的時候，必須要有「責任感」，說得誇張點，不管編輯認為一份原稿過關與否，都可能左右作者的人生。

在一般公司裡，老闆具有相當的權力，而出版社與報社裡面的「最大牌」也是老闆。但是出版界的「權力」，與一般認知的權力不太一樣。

假設有個沒沒無聞的作家拿原稿到編輯部毛遂自薦，這位作家寫得嘔心瀝血，但編輯卻說「這份原稿不行」，那這份原稿就永不見天日。有些出版社會碰到編輯說不行，但老闆說可以的狀況，但大多出版社的編輯權限，可是比其他公司的主管大很多。

正如小宮山量平先生所說，不管多麼年輕的編輯，對寫作者來說，都是掌握生殺大權的當權者。編輯必須要有自覺，知道自己是帶著這份「權力」在工作。

所以我認為有權力的人，更要謹慎運用自己的權力。社會上不是沒有仗勢凌人的傲慢之輩，但這種人豈不太乏味了？

還有一點，或許是畫蛇添足，我希望編輯隨時保持自由自在。只有面對比自己更強的人，才要刻意使用自己的權力，如果總對地位比自己低的人使用權力，這個人的價值就低了。

我希望編輯要有小蝦米對抗大鯨魚的氣勢。

編輯對作者、寫手、

設計師不得傲慢，

隨時要當個「對等的夥伴」。

4 從一段自己的歷史開始

◈「商業書」是怎麼誕生的？

稍微聊聊「往事」吧。

最近我編輯了各種類別的書籍，但商業書依然是我的主要工作。我從以前到現在，做的都是商業書編輯。

但是這個「商業書」的歷史，其實意外地短。

我是一九七七年進入出版業，當時書店還沒有「商業書」，這類書都是被歸類在「法律經濟書（法經書）」這個類別。法經書的專櫃就在書店最裡面……大概是書店員工辦公室的旁邊。

當時是一個文庫書（口袋書）與一般新書（比口袋書稍大）還沒有什麼商業書的時代。

我會開始編輯「商業書」完全是個巧合。高中時代，我幾乎沒有特別準備過大考，只能勉強考上文學院的夜間部。文學院已經很難找工作，夜間部更是前途渺茫。我到處丟履歷，最後是一家小型商業書出版社錄用我，裡面大概只有十名員工。

我的第一個職場就是中經出版，現在已經納入KADOKAWA集團，但它曾經引領日本商業書好長一段歲月。

剛開始，我被分發到經營實用雜誌（月刊）編輯部，主要讀者是中小企業經營人。我念的是文學院，根本沒碰過什麼經營或經濟，但或許因為我老家開洋貨行，才能做得來。文學院出身的人通常會抗拒經營與經營管理，我的抗拒反應比較小。

目前商業書的範圍很廣，有談經濟、經營、會計的「入門書」，談手冊活用術、筆記活用術的「工作術」，有談怎麼跟人往來的「人際關係書」，甚至還有歷史書，最近連養生書都算在商業書裡面了。

簡單來說，就是商業書的概念變了，所以編輯也不能只專精經營管理或稅務，這樣不夠。編輯應該要有彈性，能應付各種企畫。但編輯如果本身熟知經營管理與稅務，還認識很多稅務士，當然也是很寶貴的⋯⋯。

目前，商業書在書店裡都是放在最重要的櫃位。我個人認為，在我這一輩約莫三四十歲時，那一代的編輯與業務都可以自豪地說，是他們創造了商業書這個「類型」。先是目前七十歲左右的日本人，在年輕的時候將所謂「法經書」，編輯成適合一般民眾的內容，並且推銷出去。

而目前六十歲左右的人，也就是我們這個世代，則是接下這棒子，慢慢擴展。

這個浪潮的領頭羊，應該就是日本實業出版社。我剛進出版業的時候，日本實業就是「經營實用書的王牌出版社」，推出許多暢銷書，其他小出版社包括當時我任職的中經出版，都是跟在它後面慢慢摸索。

但當時的這個領域終究叫做「好懂的經營實用書」，而不是目前的商業書。直到一九八〇年代，出版業才把自我啟發書做成「商務人士看的書」。

也就是說，政治、宗教、科學⋯⋯這些主題的書，從這時候起才被放在商業書的櫃位，當成入門書來賣。我本身曾經做過一本《三字頭開始的運動訓練法》，那是一九九四年的事情了，這本書的廣告詞是「獻給缺乏運動的商務人士」，在當時已經成立的商業書櫃位裡大鳴大放，成為暢銷書。

「商業書」櫃位確實是從一九八〇年代起才出現在書店裡，而原本只做經營實務書的出版社，也開始加入這個市場。出版社與書店基本上都是在做生意，做出好賣的東西，放在店面賣。從此之後，書店的文藝書就慢慢減少，商業實務書慢慢增加。

我就身在這潮流之中。

◈「暢銷至上」這個想法的是與非

過去的出版業並不能算是一門產業，只是幾個「想做書」的人聚在一起，連行銷也不做，光靠偏見與「信念」就做成一本書。出版之前，沒人知道賣不賣得掉。不對，好不好賣是其次，當時的出版人只重視「要做怎樣的書」。過去的出版不像電機或機械那麼複雜繁重，只要有桌椅紙筆，一個人也能搞出版。如今，甚至有電腦就夠了。

但是我剛進入出版業的時候，「書是商品，賣不出去就沒意義」的觀念已經開始滲透開來。當時確實有很多編輯，還是討厭「暢銷書才是好書」的概念。

「暢銷書就是好書嗎？」

這個題目實在很深、很沉，我本身至今依舊不認為「暢銷書就是好書」，但是「就算賣不好，只要內容有意義就是好書」這樣就對了嗎？那也未必。我可能有點貪心，但我的目標就是內容要能感動讀者，然後又賣得好。

我在中經出版待了六年後離職，去加入一位編輯前輩單打獨鬥的編輯製作公司，這家公司做文藝書，也做實用書。

「健全的勞工要在傍晚下班，然後去喝酒。」

當時我們每天都跑居酒屋，這位前輩比我大八歲左右，有熱情又有本事，是個很棒的人。可惜他在兩年前駕鶴西歸，時間不長卻教了我很多事情，是我在人生與事業上的良師。

「或許現在實用書的名氣大了，不過我還是第一次碰到像你這麼務實的編輯啊。」

前輩對我這麼說過，我是沒有特別去想，但「賣不好就不行」的念頭應該很深吧。當時出版業提到「編輯」就是文藝書編輯，還沒人知道什麼是「商業書編輯」呢。

但是商業書編輯的本質，就是做書一定以「暢銷」為優先。畢竟我們不是在做「藝術」（或許多少有點想做），但我們總會認為，自己做的是「商業產品」。

離開這家製作公司之後，我騎著機車繞北海道一圈，然後進入かんき出版社，那已經是三十年前的事情了。當時中經出版社已經是商業書的中級出版社，我有中經的經歷，錄取算是比較容易。後來我大概當了十五年的商業書編輯，然後成為自由編輯。

成為自由身之後，又過了十五年以上。

即使退休，我的主場依然是商業書，我已經當了三十多年的商業書編輯，期間商業書也有了很大的改變。

◈ 模仿者有禮貌與尊嚴嗎？

我一直有種「賣不好就不行」的業務思維，但本質上依然是個編輯。編輯有骨氣，不炒冷飯，不想當個跟風撿便宜的人。有這樣的編輯魂，出版業才能常保清新。

我們當然可以「模仿」，但模仿與「抄襲」基本上完全不同。

一九九〇年代初期，「幻冬舍」這家出版社帶著五木寬之、村上龍等暢銷作者的新作品，風光打進出版業。這家出版社的領導者見城徹先生不太像編輯，比較像是一位「名製作人」。通常文藝出版社都很不起眼，但見城先生在報紙上大刊廣告，並將新書擺滿各大通路。

這對文藝書出版來說相當震撼，一切都變得嶄新而積極。但是到了兩千年左右，幻冬舍接連推出商業書，而且大多是炒其他出版社商業書的冷飯，有時候甚至連作者都相同。

炒冷飯是可以的，當個編輯，或者說做一份工作，都是從模仿開始。我做書也不會拚一個「沒人想過的主題」，而是「把暢銷主題『加工』一下」。好多人說過「片山的書是在模仿某人」，但是我自認把先前的書編輯之後，變得好懂好多倍，所以才會模仿。「即使是類似的書，也要盡量加入其他書沒有的切入點，從讀者的觀點下工夫」——我總是在想這些。

模仿同類的書是可以，重點是「模仿的方式」。

假設現在有人推出前所未見的新企畫，做了一本暢銷書，我會對這「一流的企畫」表示敬意，拒絕去跟風。我認為這是一個編輯，或者說一個出版人的「禮貌」。如果無論如何都要跟風，那內容上一定要想辦法超越先驅。

我在出版社的時候，某家出版社曾經出版過一個主題叫做「企業系列」，簡單明瞭地整理各家企業的特色。這個系列的內容嚴謹到令人吃驚，我心想自己肯定模仿不來，這書實在太厲害了。但是幾個月之後，其他出版社就出了一本擺明抄襲的書，而且內容少得可憐。這家出版社的經營人接受出版業刊物的採訪時表示：「如果有一本暢銷書，肯定有些讀者認為還缺了點什麼，所以我才出版這一本……」

這真是「做賊的喊抓賊」了。

我們可以模仿，但是要模仿，就該模仿到讓人心服口服。

假設有家出版社出了一本《簡單財報書》相當暢銷，然後就有人跟風，到這裡都算還好。但是跟風的人有沒有氣魄，敢不敢說「我的內容要超越前一本財報書」？做出來的全新財報書，能不能讓被模仿的出版社和編輯看了心服口服？

我認為這是模仿者的「禮貌、仁義」，只要絞盡腦汁想著要超越前人，不知不覺就會成為「另外一本書」。

參考既有的暢銷書來做同類書，如果只是有樣學樣就沒有意義，更別提剽竊或抄襲了。就算是相同主題的書，也會表現出編輯的特性與創新。

這就是「有尊嚴的模仿」。

就好像研發新商品，先驅有先驅的驕傲，後人也要有「我要超越先驅」的骨氣，才能做出好東西。

「商業書」的插圖表格處理技術占比很重，用心做好圖表就能超越同類書，這就是商業書的精髓。文藝書的成敗，則幾乎取決於一開始的企畫好壞。

然而「商業書」不等於「商業主義」。

文藝書和商業書，編輯與作者的交流方式、書本的製作模式或許不盡相同，但兩者都是「書」。

◈ 商業書編輯才更該有「靈魂」

言歸正傳。

我從來沒見過見城先生，但他在日本出版界可是無人不曉，他就是這樣一個跌破眾人眼鏡的編輯。對我們這些在「商業書圈」打滾的人來說，見城先生真的讓我們大開眼界……但是幻冬舍剛進軍商業書這一塊所推出的書，實在算不上什麼創新。

後來又過了十年，回頭看看，當時或許是「過渡期」吧。

幻冬舍如今成為「綜合出版社」，還曾經有股票上市。如果要提升營業額，賣文藝書會碰到瓶頸，所以幻冬舍硬是轉向實用書路線。目前幻冬舍有出版小說，但不像創業當時猛打廣告，銷售的比例應該也很低了。

從「出版社經營」方面來看，做生意是顧不了面子的。

結果幻冬舍的暢銷商業書變多了，讓編輯覺得「這書不錯」的書也變多了，只是依然有很多「依樣畫葫蘆」的書啦……

我想見城先生可能有點小看商業書了吧。他認為編輯就是「文藝書編輯」，商業書只不過是「淺嘗、瀏覽」的書。他心中可能有文藝書編輯常見的「傲氣」，對文藝書明明投注了那樣大的熱情，高喊「要致力創新！要給人感動！」做起商業書卻以獲利至上，為什麼呢？

當時我想著這樣的問題，然後在二〇〇四年四月，《流言的真相》停刊號採訪了見城先生，他是這麼說的：

「既然我決定要在資本主義中求生，就有準備當個死亡商人。（中略）可以賣給惡魔的東西我就賣，但是賣不出去的我絕對不賣。『文藝百年』（幻冬舍的創業精神）的靈魂只是不起眼，但確實留在作品裡面。（中略）為了推出我真正想出的小說，只好靠實用書做生意賺錢了。」

真的覺得嗯～不要太小看商業書好嗎？他這個人講話就是衝，但扣掉他的衝，意思還是商業書跟實用書可以隨便賣。我看了真想對他說：

「亂講話，做商業書的人也有『靈魂』好嗎？」

我才覺得小說這種文藝書不食人間煙火，我會看，但不是像商業書那樣看。我看書幾乎都是為了「想得到什麼」，所以千萬不能把靈魂賣給惡魔。

無論當時或現在，只要見城先生認為「商業書只是用來賺錢出小說的工具」，那我真的非常遺憾。商業書也可以比文藝書更加震撼讀者，實際上就有很多這樣的商業書。

幻冬舍出道的時候推出許多暢銷文學大作，有資本，講話又大聲，所以能用很好的條件，向其他出版社挖角出過暢銷書的商業書作者。直到現在，幻冬舍的經營方式還是沒什麼改變。

這真是資本主義邏輯，中小出版社很難模仿的。

目前幻冬舍已經成長為名符其實的「大出版社」，為了維持業績，每個月都得推出一定數量的書本，編輯也必須達成定額定量。

不只是幻冬舍，就連剛開始慢慢做書的編輯，當推出暢銷書、公司規模長大之後，也就輕鬆不起來了。「死守每月十本！」這樣的出版額定量，在中級以上的出版社已經司空見慣了。

我一直在中小出版社打滾，反而會羨慕大出版社的編輯。我常常聽說什麼「某家出版社的額定量是賣到十萬本的暢銷書」，但是那些編輯是否知道，去拜託作者寫稿，結果因為賣書量少、版稅低，作者不肯答應，鎩羽而歸的那種悔恨呢——

5 當個有編輯魂的編輯

◈ 有人對你說過「同類型的書裡面，你的最好懂」嗎？

商業書與文藝書的不同，就是種類非常多。只要一項企畫暢銷，就會有好幾家出版社推出相同的企畫。之前提到幻冬舍剛加入商業書市場的時候，其他出版社的商業書種類也是多到不行。

比方說大概十年前，「寶島社」用雜誌書（mook）形態推出了「財務報表讀法」的書，A4版面九十六頁，書名為《連我也能輕鬆懂的財務報表》。

像「財務報表」這種經營實務主題書，原本都是普通的單行本，所以寶島社找到了新的「突破點」（包括書本架構）來做財務報表書。結果大家都認為「雜誌書模式的教學書會大賣！」就愈來愈多雜誌書類型的商業書，商業書櫃位上也理所當然地擺上雜誌書。財務報表、工作法、成本、繼承與贈與……全都來了。

不管哪個產業，總有靠創新商品取勝的企業，以及在暢銷商品上追加一點創意，來超越先驅企業的企業。商業書圈也有「搶先別人推出」的出版社，以及「擅長後來居上」的出版社。

我覺得這兩種都不錯。

搶第一，在經營上的風險也比較大，如果加入已經有暢銷績效的市場，至少會有一定的銷售數字。

尤其經營人與業務員都會想：「推出跟暢銷書一樣的書，靠業務策略跟廣告策略來賣。」這就行銷手法來說絕對沒錯，是經營與行銷的王道。

然而編輯的工作是製造，不管跟風做第二手、第三手，只要沒有「我要超越第一手」的氣魄，就做不出下面這樣的書。

「市面上這麼多財務報表書，這家的最好懂。」

當然，我並不是說「只要做出好書就好」，這不限於出版業，做生意就是「賣得好最重要」。我現在也理解這點，甚至是以這點為前提來發表意見。

也就是說，書賣得好不好受到出版社的業務能量影響，如果單純比銷售額，沒辦法決定一本書的好壞。一家小出版社推出「超好懂的財務報表書」可能賣一萬本，但業務能量強大的大出版社推出「完全看不懂的財務報表書」卻賣了十萬本。

常常有編輯說「我做過好幾本賣五萬本的書」，沒錯，只要有點內容的書都會賣，但如果去掉出版社的業務能量，也沒得討論賣不賣了。

暢銷的要素有很多，可能一本書內容不怎麼樣，但是被新聞節目報導出來，引發社會現象，突然就大賣了。如果書名取得超好，好到入選年度流行語大獎，那也會大賣。編輯必須綜合考慮所有要素，就算自己做的書不暢銷，也不是要人命的事情。

話說回來，「我們出版社很小，所以書賣不好」「我們家沒有業務能量……」這樣的編輯也讓人頭痛。尤其商業書編輯做的是「作品」，同時也是「商品」，「做好市場調查來推銷書本」也是編輯的職責。而市場調查，就要看編輯的行銷品味了。

這就是我不反對「模仿」的唯一理由，但是我不認為毫無節制地模仿暢銷商品就好，這我已經提過很多次了。

◈「暢銷書」並不一定是好書

所以我基本上反對「暢銷書就是好書」的思維，但並不代表「好書一定會暢銷」。讀者可能會說：「你到底想怎樣！」硬要說的話就是「好書不管給哪家出版社來出，都不會慘輸」吧……不管出版社有多爛，好書的第一版都會大賣。

只要一本書的品質超越既有書籍，就算出版社業務能量低劣，也不至於「砸鍋」。假設一本書在書店裡賣不掉，第一版就大退書，最後賣不到一千本，那肯定是編輯要負責。尤其以教學書來說，賣不好的書就是對讀者沒幫助，讀者認為「派不上用場」所以沒人想買。以普通書或文藝書來說，就是讀者不覺得「這好看」「這有感動」的書。

糟糕的編輯在模仿其他書的時候，心靈是貧乏的。

「那本書賣得好，所以我只要做一樣的書，業務就會幫我賣。」

糟糕的編輯就會這麼想。我想現在應該沒有這種編輯了，但是有些編輯在模仿的時候，編輯方針很廉價。尤其是教學書，只要做得超越同類書，在書店好好上架，總會有一定銷量的。

我剛成為自由編輯的時候，中經出版出了一本《趣味理解經濟新聞》的書，成為百萬本的暢銷書，這讓當時的我深深反省。

我也編輯過所謂的《易如反掌的經濟書》，我認為「易如反掌系列」的書名已經算是某種程度的完成品，實際上九〇年代就出現很多模仿《易如反掌的經濟書》的書，但是沒有一本能夠超越這本書。或許我心裡，曾經是洋洋得意的吧。

結果這時候我看到《趣味理解經濟新聞》出版了，做得好像學校參考書，剛開始我想說「這什麼東西啊！」但是仔細一看，才發現原來還有這種寫法與編輯法。

像這種前所未見的書問世，編輯大致上有兩種反應：

「喔，這個不錯，我來模仿一下。」

「什麼鬼東西？這哪算書啊。」

不用多說，如果要模仿就該抱持「要超越中經出版的品質」，但是後者就沒啥好說了。畢竟人家總是賣了一百萬本，不能置若罔聞，不可能靠詐欺賣一百萬本的。

為何會大賣？是因為企畫好？書名好？還是架構好……要能超越前人的書，才算個編輯。如果你覺得「這哪算書啊」，那就做出比它更賣的「書」吧。

◈來點跟暢銷至上主義唱反調的「硬撐」也不錯

我不認為「暢銷書就是好書」，但既然書本是商品，不追求暢銷，甚至不想要暢銷的編輯，就不及格了。

所以我也這麼想。

某位我尊敬的編輯，曾經說過這樣一段話：

「『單純地』模仿暢銷書……業務硬逼書店上架……對編輯來說這樣真的好嗎？出版不就是從編輯的『志向』出發的嗎？」

這位編輯經常在商業書圈子打出新機軸，比我提早好幾年入行，打下了「商業書」的基礎，對我來說就像天神一樣偉大。

這位編輯所做的暢銷書總是很創新，在電腦尚未普及的時候推出《連結微電腦與微電腦的書》結果大賣；而如今司空見慣的「財務報表書」，他也是早早就出過一本《財務報表入門讀法》，以劃時代的主題與架構成功暢銷。

如前所述，當時還沒有成立所謂的「商務實用書」類型，市面上有「財務報表書」，但都是艱澀的「會計書」。這位編輯將艱澀的書改編為「適合一般商務人士」的書，成為完全不同的類型。於是，商業書就誕生了。

所以這跟「現在財務報表書賣得好，我們家也來做財務報表書……」這樣的思維完全不同，這位編輯肯定是充滿了好奇心。

暢銷書做第二手甚至第三手，總還是有點市場，但不斷炒冷飯下去，內容就愈來愈薄，最嚴重的是會傷害編輯的工夫與感性。

現在書店等賣書通路會仔細研究各種資料，任何人都能想到：「這個方向的書會賣，那我們也跟著……」但是經營人和業務員可以這麼想，編輯則最好要懸崖勒馬，想個清楚。

想清楚，為什麼會暢銷。

一開頭就想說「我要模仿」「靠模仿賺錢」這樣奸詐地模仿別人，我不承認、應該說不想承認他是「編輯」。當然我不是只針對「編輯」這一行，我想只要你挑選一個行業，想在其中獲得什麼，就該單純又誠實面對這個行業。

既然書本也是商品，做書的編輯就該會做行銷，但有句話說了：

「心意會超越行銷。」

我好喜歡這句話，與其抱怨最近書都不好賣，不如沒來由地想說「我一定要做出大賣的書」，感覺更有夢。

經營人和業務員或許會想：「如果現在有某本書暢銷，那我們也要換個新花樣……」我並不否定這樣的經營判斷，但是身為編輯，想過行銷之後希望能稍微再「硬撐」一下。「光是換個新花樣可不行啊……」

我說這就是「編輯魂」。而且不只是出版社的編輯部人員，連我這種自由編輯也該如此。

6 以長銷書為榮！

◈ 所有新出版的書都在比平台！

不用多說，賣書的方法可說是五花八門，可以主打說本書得過芥川獎、直木獎、書店大獎等各種獎項來賣書，也可以幾乎不打廣告，勤奮地跑書店來賣書。不怕大家誤會，我認為「所有新出版的書都在比平台」。

我知道出書有退書的風險，但是原則上「一櫃一本」的作法，只要這本賣掉，書店就暫時沒書了。如果同時堆個十本二十本，向讀者曝光的機率就高，也有更多機會一口氣賣掉三四本。

剛開始就想說「這本書要在架上慢慢賣」，會不會太消極了點？總有機會讓讀者眼睛一亮，大大暢銷的。

「經營管理跟稅務這種乏味的書，堆多了會提升退書率，造成經營壓力。」

應該有業務員會這麼想，也確實沒錯，但並不是要你在所有大書店都堆書，而是鎖定一家「重點書店」積極主打。只要有點火力出來，就用海報補充說「這麼創新又簡單的經營管理書，現正熱銷中！」

有機會就從這家書店引爆熱賣潮。

一九七〇年代，出版社剛推出商業書的時候，無論出版社或書店，應該都沒想過經營管理跟總務這種商務知識書會成為暢銷冠軍。

但是真的暢銷了。

「稅務跟經營管理的書要腳踏實地慢慢賣。」

這種刻板印象，就是自己限縮了暢銷的可能。

身為編輯，不應該把這種書做成總務或經營管理人員桌上的磚頭教科書，應該做到讓大家驚嘆，這種書竟然可以賣得這麼好，我想這才是商業書需要的「企畫」。

也就是在做書的時候，就要想到怎麼去賣了。

◈ 目標是做出一定會再版的書！

話又說回來了。

這跟我前面說的剛好相反，但我認為能夠連續做出長銷書的編輯，才是真正的高手。有些書短時間內就賣了幾萬本，然後銷售力道馬上垮下來，但終究是賣了幾萬本，所以算是暢銷書。做了這本書的編輯，大家也說是「推出那本暢銷書的編輯」。

但如果半年賣了十萬本，然後銷售力道下滑，最後造成三萬本庫存，再考慮到公司外庫存（書店庫存），實際上的銷售量還不到五萬本。這反而會拉高退書率，甚至降低出版社的評價。

我希望的狀態是半年賣十萬本，之後還能穩定賣好幾年，十年超過二十萬本。銷售力道突然垮掉，代表這本書的「內容」很淺。看書名來買書的人，如果覺得一本書的內容比書名更棒、更好看、更有用，那這本書絕對不會突然賣不動。

因為讀者比出版人想像得更嚴格。

前面提到我在出版社任職期間，打造了《易如反掌的經濟書》、《易如反掌的電腦用詞書》這些「易如反掌系列」，一開始的銷售力道都是追著市面上的其他書跑，但很快就超越了前幾名。而且不只剛開始賣得好，還連賣了好多年，我自認是因為書的品質好，大家認為「這本書就是好懂！」

我在做書的時候，總是想著該怎麼超越先前的書本。我在出版社的時候，這個系列大概出了十本書，幾乎都是銷量超過十萬本的書。

商業書圈子裡面有些人讚賞我是打造「易如反掌系列」的編輯，我很感謝這樣的評價，但是我個人更引以為傲的，是在かんき出版社期間做了一百多本書，大多都有再版。即使離職之後，我做的好幾本書也都有再版。

有人認為「易如反掌系列」在「經濟」「金融」「稅務」等方面創造出暢銷書之後，就某種層面來說就已經不再歸編輯部管。沒錯，後來的系列作賣到十萬本以上，業務部可說厥功甚偉。但這有個很大的前提，就是編輯不斷做出滿足眾多讀者、吸引眾多讀者興趣的高品質系列作。

暢銷書不只要看編輯力，幫忙打廣告做宣傳的業務力也很重要，但是光靠業務力，沒辦法連續推出很多本五萬本等級的書。內容不好的書，就算業務跑得要死要活，終究會賣不動。

另一方面，低調但踏實的長銷書也就重要了。商業書，尤其是實用書，只要做得扎實就會賣出一定的數字。但是「做得扎實」，其實挺不容易的。

既能做出暢銷書又能做出長銷書的編輯，都有種好眼光。「這個主題會大賣，而這個主題如果不耍點花招就只能慢慢賣，但是肯定會長銷。」有好眼光的編輯就能做出暢銷書與長銷書，更進一步來說，優秀的編輯不會做「賣不出去的砸鍋書」。

◈ 你能編輯出滿足讀者的書嗎？

魚與熊掌或許不可兼得，但是現在的編輯確實需要兩者兼顧。當出版成為一種產業，業務的比重提升，出版社就更偏向販售某種類型的書本。在這樣的狀況下，不是更講究「編輯力」嗎？

如前所述，編輯做的書是「商品」，既然是商品，當然要思考「怎麼做才會賣」。編輯必須站在與業務不同的觀點，去思考「賣書」這件事。

「做好書就會大賣。」

並不是這麼單純的想法。

「做出對讀者有用，能吸引讀者興趣的書。」

這樣才對。所以編輯要不斷探討，讀者在想什麼、煩惱些什麼，新的企畫就從這裡出來。

一本書暢銷的重要元素之一，就是書名。我打算在第三章好好討論書名。總之書名與前言要能吸引讀者的興趣，讓讀者覺得「這本書應該很好看」。編輯除了用心把書的內容做好，也應該同樣用心思考「要取什麼書名」。

但是反過來說，我們常看到一本內容不怎麼樣的書，光靠書名就能大賣，而許多編輯就會因此誤會。

「只要書名好就會暢銷。」

——我敢保證，絕對沒有這種事。

正確的思維不是「只要書名好」而是「書名也要好」。如果書名與外觀（裝訂等等）做得好，起步或許會賣得好，但要是內容淺薄，就算一時賣得好，也會突然賣不動。

這種書成不了長銷書。

以經營出版社的觀點來看，具備許多長銷書代表經營很穩定。在追求暢銷書的同時，也要追求穩定長壽的長銷書，我想這才是編輯需要扛的責任。

所以我讚賞不斷推出暢銷書的編輯，也同樣讚賞能夠做出低調長銷書的編輯。有些暢銷書單純歸功於書名、廣告與業務的本領，但長銷書只有「高品質」才創造得出來。

【第二章】

編輯該具備的基礎條件

——「編輯」就是無所不能的幕後

編輯要賭上自己所有的人格，跟作者交涉，完成書本交給讀者。

1 那麼，何謂編輯的適性？

◈ 編輯有一定程度的理論

編輯這一行是浮動的。某本書可以用的理論，另一本書就不能用，甚至或許根本就沒有「理論」存在。比方說雜誌編輯，去年一月的方針與今年一月的方針就似是而非。所以編輯通常不能「一言以蔽之」。

我在出版社的時候，曾經跟一個後進一起做過一本書，過沒多久，又跟這位後進做了另外一本書。

某天他似乎不太能接受我的說法。

「你有哪裡不滿嗎？」

「因為片山哥講的跟之前完全不一樣啊。」

「嗯……基本上是一樣的吧，但是不一樣的書，主題也不一樣，編輯的方法當然也不一樣啊。」

就是這麼回事。如果是格式固定的系列書也罷，但基本上每本書都是「新產品」，作者不同，主題也不同，只要作者與主題不同，作法就不同，賣法也不同。

編輯必須隨機應變，跟上這些不同。

每本書都要重新思考。

但是基本上，編輯還是有理論的。我希望在這本書裡，盡量寫出編輯的理論。做好書的原則，做暢銷書的原則，或許很朦朧，但確實是有的。

不過這個第二章，在寫技術面的東西之前，我想先提編輯該有的資質。我說的東西可能很老氣，有點接近精神論，但都是編輯應該放在心裡的東西。

◈ 你有不怕失敗的決策力與行動力嗎？

一定要隨時積極又主動的人才能當上編輯嗎？我認為不是，我自認是個負面思考的人，心靈也不算堅強，甚至還得過自律神經失調。

但是我認為自己做編輯這一行，具備一定的細心與行動力。我這個人要激發動力可能比較花時間，注意力也慢慢渙散，但是只要進入工作模式，就像變了個人一樣。

這幾年我已經沒辦法為了工作天涯海角地跑，精力也在慢慢衰退，但是在五十歲之前，就算打電話能談妥的事情，我也會親自跑一趟。三四十歲有的是精力與體力，我就常常參加出版人的派對與會議。

那裡是蒐集情報的地方。

現在這個時代，作家、設計師、印刷廠之間的簡單協商，只要用電子郵件就能解決，但是我寫的郵件又臭又長，我這個人沒把事情講清楚就放不下心。

商務郵件的正確寫法應該是簡單明瞭，但有人反而這麼誇我。

「你的郵件又臭又長，但是看個兩三次就什麼都懂了，根本不必見面談。」

真是特別的讚美啊。

編輯這一行，除了有企畫、規畫這種光鮮亮麗的一面，同時也有校稿、影印……這種枯燥繁瑣的一面，每個繁瑣的細節都很重要。很少有編輯能獨立完成所有瑣事，通常會請助理，或者找設計師、校稿員來分擔。

像這樣交給他人處理，編輯就得指派手上的工作，每次指派都是一次抉擇，甚至不成功便成仁。如果害怕每次的抉擇，那永遠都做不完一本書。

編輯需要有急救員、造屋匠的「果決」。

有些動作或抉擇不准失敗。

但如果沒有「出錯了就盡快修正」的膽量，要我說也當不成編輯了。

有些人剛當上編輯就有這種膽量，對這種人來說，編輯應該是天命。但編輯可沒有輕鬆到有膽量就能做，大多數人只是有這樣的天性，經過不斷的失敗磨練，才學到抉擇力與行動力。

「膽大心細的抉擇力。」

優秀的編輯就是有這本事。

◈你有一頭栽進任何事物裡的好奇心嗎？

我自認對經濟、會計、稅務等領域有相當的了解。那麼演藝跟運動我就不懂了嗎？我想也有一般人的水準吧。

至於讀的書呢，我喜歡寫實，但就不看推理跟文藝了嗎？我也看得頗深。不至於所有得獎的書都買，但不買的也會看過。而登上暢銷榜冠軍的書，我一定都會看過。

我也做俳句、短歌和詩，應該說這樣什麼都做，才算是「真正的自我」吧。

我尊敬的編輯前輩評論我的讀書傾向，說我是「什麼都敢吃」。我覺得這樣不錯，就因為什麼都敢吃，所以什麼知識我都稍微懂一點。

無論演藝、商業、運動、寫實、推理，我們不必全都讀得像專家一樣熟，也不必像評論家一樣讀得通透。畢竟編輯是「雜學家」，只要「啊，我大概知道」就夠了。編輯隨時架起全方位的天線，但不會成為「專業書呆子」。

假設我這個商業書編輯，討論書本的時候碰巧提到一個新聞節目的女主播，如果我說「那是誰啊？」對方就會質疑我的編輯知識廣度，那我該怎麼辦？

說起來有點極端，其實就是不懂也要裝懂。千萬不能因為你是商業書編輯，就不熟文化與演藝。

尤其編輯需要很多的抽屜，就算做的是商業書，也要有好奇心去追ＡＫＢ４８、歌舞伎甚至搖滾樂等方面。

各方面的知識都只要個皮毛，只要能跟人聊幾句就好。就算是剛聽來的東西，也要講得好像知道很久一樣。這樣裝懂讓我提心吊膽，但裝得久了，「皮毛」就會變成真正的知識。

但是不用我多說，如果編輯一本講遺產稅的書，卻對遺產、贈與只懂點皮毛，那可不好。編輯不必像稅務士一樣懂稅務，但至少要比普通人多懂一點。如果不懂，就無法站在讀者的高度，整理出好懂的遺產稅、贈與稅。

一本書會有很多同類書，有時候只要來個小契機，就會出現全新的一本書。比方說「人生論」相關書籍，市面上多到數不清，但是反過來看，這些書裡面可能隱藏了什麼新點子。所以在編輯一本書的時候，必須讀過很多同類書，否則只會做出平凡無奇的書。

整理術、筆記術的書也是一樣，稅務、經營管理的書也是一樣。如果不多看同類書，就不知道這類書暢銷的真正原因。一定要掌握類型的優點與缺點，才能做出超越現有書的新書。

另外就是要多參加講座、讀書會之類的活動。參加一百次，可能只有一兩次會碰到

「中大獎」的作者（或者寫手，或者設計師），但總比待在辦公室裡上網搜尋，更有見到本人的寶貴機會。

◈ 你有夢想與熱情嗎？

「夢想與熱情」其實就是精神力、心靈的力量，如果兩個本領相同的編輯來比較，肯定是有夢想與熱情的那個會出頭。

編輯少不了靈敏的感性，想要鍛鍊感性，就得全方位觀察，同時也要深入探討自我。

「這個主題可以怎麼探討？」

「能不能把這本書做成冠軍暢銷書？」

就像這樣死命地想。這種靈魂的問題比工夫更重要，有靈魂，才能生出「中大獎」的標題與書名。

不管做哪一行，都需要夢想與熱情。尤其出版業，可能因為書名就大紅或大黑。另外，低調長銷書的讀者也會對出版社說：「我好感動！」夫妻倆經營的小出版社，也會推出暢銷冠軍書。

以前的出版業有很重的「賭博」成分，現在或許沒那麼重，但「只要賭對一把就——」我想這也是出版的某種精妙之處。

話說要賭可不能毫無根據，要盡力蒐集情報，鍛鍊感性，要非常有把握。「只要用這個書名出版這個主題，就會打動讀者、就會大賣。」這時候，閱讀許多資料也很重要，分析書店的銷售資料，可以想出新的企畫。最重要的是，希望編輯以自己這一行為榮。

當初並不是我想當商業書編輯，只是我第一家就職的出版社，碰巧專門出經營實務書。但是現在我喜歡「商業書編輯」這一行，我想投注心血，做出好書。

這是一種「志向」，必定會以某種形式傳遞給讀者知道。我也不堅持說什麼模糊難懂的「志向」，只希望你死命去想，要透過印刷對社會與讀者說些什麼，要與他們有怎樣的接點。我甚至認為「人要立志，何謂志向，志向就是……」這種大道理是沒意義的。

因為編輯做出來的書，就表達了他的志向。

如果讀者不只有興趣還被感動，那這本書就很可能暢銷。要讓讀者感動，最好連做書的編輯本身都能夠感動。可以感動編輯說這本書的內容好深奧，或者很好懂，都行。
編輯就是一連串乏味瑣事的累積，所以沒有熱情就做不久。書暢銷的時候光鮮亮麗，但是不管賣得好不好，都有很多雜務要做。而且這些雜務，幾乎都無法分工處理。
因為書本就是從一個編輯的雜務裡生出來的。
「現在我們家還小，遲早要推出暢銷冠軍書，壯大這家出版社。」
這也是個好夢，幾乎所有的優秀編輯，都有一顆火熱的心。

◈ 要喜歡「人類」

編輯必須要喜歡人類。
請仔細想想，編輯要與各行各業的專家交流，確實有些編輯什麼事情都一手包辦，但大多撐不久。現在出版業有桌面出版作業員、裝訂師、作者、插畫家、設計師、印刷廠與書店——要與這些人交流，就需要各方面的知識，但不需要跟對方一樣好的工夫。編輯的工作，就是「盡量借用專家的本領」。
討厭人類，是做不來這一行的。

做書是團隊合作，團隊的核心就是編輯，編輯要推動團隊的所有人。就算每個人都是某種專家，編輯也要抬頭挺胸，甚至用力拉緊他們的韁繩。編輯要尊重插畫家與作業員的技能，「栽培」團隊裡的成員，讓他們做出品質更高的作品。

如果引人反感，事情就做不好。

所以編輯一定要討喜，當然了，要先喜歡別人，別人才喜歡你。優秀的編輯，會有一種「難以言喻的親切感」。

我當了自由編輯之後，這樣的感覺就更強烈了。

自由業的地位就是「請人給我工作」，如果要找人接一份工作，「惹人愛」當然比「討人厭」要優先獲選。

那麼，怎樣的人會討人喜歡呢？

討喜有很多面向，首先就是「會站在對方立場思考的人」。希望編輯要有個思維，就是己所不欲勿施於人，這點很難，但不是辦不到。

對編輯來說，自己的主見當然重要，但整天只說「我怎樣」的人，沒有人會服氣，無法維持一個團隊。

然後，就是不要徹底否定對方的話，就算對人家有意見，也要先說「沒錯」。在採訪藝人或運動員的時候，所有訪問者都會說「沒錯」，這絕對不是沒用的空話。

先用「沒錯」稍微肯定一下，之後要反駁也比較不會讓人反感。

「膽大心細」而且「喜歡人類」

——這就是編輯的條件。

2 你能好好聽人說話嗎？

◈ 擅長聆聽的人，就能吸引情報與人員

對編輯來說另外一件很重要的事情，就是「擅長聆聽」，我認為這點非常重要，所以特別分出一個項目來談。

編輯是團隊作業，團隊之間一定會有不同意見，編輯身為團隊中的整合者，如果硬是堅持自己的意見會發生什麼事呢？堅持己見，信心十足，確實是很重要，但「口氣」選得好不好，決定他人會產生好感還是反感。

所有溝通書上一定都會這麼寫：

「溝通的基礎是 yes but。」

就算你覺得這個意見不對，還是要先口頭肯定一下，說個「原來是這樣啊」也好，這終究會讓你的意見比較容易被採用。

編輯不能滔滔不絕，強硬指派所有工作，必須聆聽各種人的意見，調整意見，才說出自己的意見，我認為這才是編輯這一行。

也就是說，一開始要先「用心聆聽」。很多編輯都是「長舌派」，但俗話說「懂得聽才說得好」。

對上喜歡老王賣瓜或說三道四的作者和寫手，要當個聽眾可不容易。

聽得想要反駁，但正常來說又不想跟作者爭論，所以只好當聽眾。我是希望編輯當聽眾的時候不要認為自己在「忍耐」，而要積極聽對方說話，不是愣愣地聽，而是「主動地聽」。

這麼一來，人員跟情報都更容易往你靠過來。

聽的時候要謙虛。先不提大牌的作者或設計師，編輯常把工作「發包」給寫手，所以自認高高在上。

我不喜歡「發包」這個說法，如果你想跟某人一起做出好東西，這樣的心境不會說出發包這個詞，所以我總是說「委託別人寫原稿或編輯」。

編輯的進度表上會看到「○號　封面設計發包」這樣的訊息，或許是進度表難免會這樣寫，但正確來說應該要想成「委託封面設計」。雙方站在「對等」的立場上，用強大的熱情與能量互相碰撞，才能創造出更新、更好的東西。

◈ 有幾招讓你擅長聆聽

做一本書不只要有作者，還要設計師等許多人來幫忙，而編輯的任務，就是仔細聆聽他們的意見，努力從所有人身上激發出「好東西」來。

所以編輯不能只會聆聽，還要有能力詳細「說明」，讓作者、設計師、編輯下屬都知道要做什麼。

有些編輯是不擅長說明的，這種人不管編輯技巧多高超，做出來的書就是讓人覺得「感覺哪裡不太對啊……」如果團隊不知道編輯在想什麼，當然不知道如何是好。

「我是這麼想的，你怎麼想？」

這個過程非常麻煩，但是不喜歡聽，就無法建立良好溝通。

如果你碰到一個擅長聆聽的人，你就會想對他多說些什麼。

說到怎麼樣的人擅長聆聽呢？這很難用一句話解釋，但我可以確定一件事，就是看你會不會讓對方開心——從這點來看，好編輯其實就是「好人緣」。

「我想多說點，跟這個人在一起就是舒服。」

「這個人拜託我，我拒絕不了。」

你能不能讓別人這麼想？我並不是說要拍馬屁，幫別人做面子確實有必要，但編輯也得阻止作者或設計師暴衝。前面提過編輯是作者與讀者之間的橋梁，如果不了解讀者與作者，就沒辦法成為真正的橋梁。

正常來說，作者會專注於「我想寫什麼」而看不到「讀者想看什麼」，編輯就要在其中做調整。

◈ 對話的竅門，就是換口氣再反駁

在眾多原稿之中，有些說真的就是沒辦法出書，但這時候不能拋棄原稿，要換個觀點觀察原稿，想想裡面應該會有什麼優點。找出原稿隱藏的優點，也是編輯的工作。

假設今天交來一份原稿，跟編輯想要的感覺不同。

「這個不行啦。」

如果編輯劈頭就這麼說，接下來也沒得談了。寫手有寫手的想法跟哲學，要先仔細聆聽，就算反駁也不要馬上反駁，要像下面這樣反駁。

「原來如此，我懂了，我想基本上是一份不錯的原稿，但是如果我可以有點要求的話，那就是這個部分……」

這樣就可以了。

不是只會聽，而是把「聆聽」當成溝通的一環，那麼溝通就要讓對方滿意，就要讓對方舒服。聆聽對方說話的時候，不需要逼自己去理解對方。

「我懂你說的意思。」

如果明明不懂卻這麼說，只會有反效果。

該怎麼辦才好呢——

不必理解，表示贊同就好了。

「不錯喔！」開頭先贊同，接著再反駁，這是反駁的基礎。

「交涉力」是編輯不可或缺的能力，而交涉就先從聆聽開始。先接受對方的說法，然後才上談判桌。

◈ 記得常保微笑

我在本書中再三強調編輯是幕後，幕後基本上不會跑到幕前。有些大名鼎鼎的編輯，會在媒體上大聲說：「那本暢銷書是我做的」，我想這也無可厚非。

我認為低調或高調沒有好壞，只是我不屬於這種製作人形態的編輯。如果幕後人員跑到台上大呼小叫，舞台就會停擺。幕後人員就是要退居幕後，襯托主角——在商場或人際關係來說，幾乎就等於「當個好聽眾」。

好聽眾不能只會聽，還要抓準時機答腔，這需要相當好的工夫。而答腔的基本，就是給對方做面子、說好話。

你當然可以反駁，但是先接受對方的說法再反駁會比較好。然後要盡量把對方的話聽完，只要你能夠包容對方的心思，從頭到尾都接受，對方一定會靠近你。

請容我畫蛇添足，溝通過程中絕對不能忘了「微笑」，正所謂出手不打笑臉人。

3「保持與讀者相同的高度」

◈ 追求「感動讀者的書」

編輯大多是文組或文學院畢業，我也一樣。

文學院畢業的人，通常對經濟、營運、會計等商科知識一竅不通，這種人是否就當不成商業書編輯了呢——

倒也不會。

我二十四歲的時候進入人生第一家出版社上班，才知道什麼是《日經新聞》，現在我已經是獨當一面的「商業書編輯」，做得有模有樣。

因為我完全不懂基礎，所以很用功學習經濟與經營，我想這樣多少能理解商務人士與經營者的心境。《日經新聞》、《日經產業新聞》、《日經流通新聞》，這些經濟報紙我也是從頭看到尾。剛進出版社那幾年，或許就是我打下的基礎。

當時我所處的編輯部，是編輯中小企業經營人看的雜誌，常常當面採訪中小企業的老闆。

當時我學到在成為編輯之前，得先當好社會人士。溝通能力、人際交流的常識……缺乏這些元素的編輯，肯定很難做出商業書。

但是說穿了，要當編輯的人並不是「一般商務人士」，都有點特別，而我想重視特別的個性。個性代表「我就是這種人」，就好像一塊我自己的招牌。

編輯必須對商務有一定程度的了解，但是不必成為專家。這部分不好說明清楚，硬要說的話，就是能自由轉換編輯的高度與讀者的高度。做書的時候偶爾當編輯，偶爾當讀者……

只要做到這個地步，就絕對不會做出脫離讀者高度、牛頭不對馬嘴的爛書。

我希望編輯能絞盡腦汁去想，下怎樣的標題，放怎樣的圖表，會造成讀者想說「就是這樣啦！」「我就是想知道這個！」

當一個編輯，重要的是「保持與讀者相同的高度」。說起來理所當然，其實相當困難。

以商務入門書來說，大多作者都是專家，所以原稿的內容艱深複雜，讀者根本看不懂。編輯的工作就是消化這些文章，如果編輯沒有一定程度的專業知識，就消化不來。一個編輯不讀書，只會對作者說：「這對我來說太難了，請寫成我能懂的程度。」那肯定只會做出讓人傻眼的書。就算「我」看不懂，「經營人」或「業務員」應該也看得懂。

反之，如果一個編輯太專業，忘了讀者的高度，就會認為「對我來說很好懂。」但即使「我」懂，也不代表「讀者」就會懂啊。

「這裡說得真對！」

「怎麼這麼好懂！」

我認為讓讀者這樣「感動」的書，才是「好書」。

編輯在消化文章的時候，會慢慢累積「知識」，比方說做一本「財務報表書」的入門書，做著做著就懂了財務報表，這是一件好事。但是在這個年代，只會做會計或經營管理的書，就有點不夠力了。我希望當一個全方位編輯，什麼書都會做。

正如我在第一章53頁所說，商業書的概念已經大大改變，以前的商業書只是「好懂的經營實務書」，現在竟然是「只要商務人士看的書，都算商務書」。

這麼一來，編輯就需要眼觀四面，耳聽八方了。

◈「讀者的高度」大概是多高？

跟讀者相同高度——第一章已經提過很多次，這是編輯的基礎。

那麼這個高度大概是多高呢？這就只能看編輯的感性了。換句話說，只有能站在「讀者高度」的編輯，才能做出暢銷書。話說回來，這也不必想得太深，就是不斷思考「如果我是讀者會怎麼想」而已。

如果想不透，就拿最熟識的人當成讀者範本，或者拿家人也可以，用這些人當對象來編輯一本書就好。

比方說——

你能不能具備專業知識，卻放低身段解釋給外行人聽，就好像一輛疾速兩百公里以上的保時捷，故意慢慢開？就好像大學教授，特地去教小學生？這就是能不能做出「暢銷教學書」的分水嶺。

也就是你擁有豐富的知識，卻不是用專業口氣解釋，而是講得淺顯易懂，連外行人都聽得懂。

大人對小孩說話的時候，總要坐下來心平氣和地說。或許現在時代變了，但長輩要教訓晚輩的時候，也可以搭著肩膀好聲好氣地說吧。現在，這種放低身段的態度更重要了。

尤其對入門書來說，千萬不能變成高高在上教訓人的書籍。

一個編輯有一定程度的知識，卻無法放低身段，就會以為自己的知識跟興趣放諸四海皆準。這種編輯會不斷炫耀自己做過的暢銷書，但他做的書沒辦法長久暢銷。

反之，能夠放低身段的編輯，可以將自己或作者的專業知識，說明得淺顯易懂。於是他做的書，可以連續賣好多年。

一個編輯是否優秀，看他經手過的刊物就知道了。

◈ 讀者也就是「會買書的人」

很多編輯在做書的時候，都會想說「能暢銷是最好」。排除圖書館的話，看書的讀者就是會買書，這麼一來編輯應該要有些「業務品味」。我想業務品味，也就關係到讀者的高度。

除了自費出版之外的書，都是所謂的「託售」。以前到處都有小書店，現在只剩下超大書店，還有各種網路書店。

我做的書該怎麼在大書店跟網路書店賣？怎麼賣才賣得好？希望編輯要以自己的觀點來思考。會跟業務部門討論怎麼賣書的編輯，肯定更容易做出暢銷書。

我這本書基本上是在討論編輯，不太討論業務部分，但我做了這麼久的書，總是會思考書要怎麼賣。如果這樣做，應該就會賣得更好……

希望編輯有「要做一本讓讀者讚嘆的書」的氣概，同時也想「要做一本讓書店，包括網路書店都跌破眼鏡的書」，這樣應該就會貼近讀者高度了。

4 編輯該有的成本觀念

◈ 並不是一股腦降低成本就好

編輯是一個企畫者，同時也是「製作負責人」，所以做書的時候要隨時考慮到性價比，否則會因為花太多錢，造成出版社周轉不靈。缺錢絕對不是好事，但當然了，不是跟其他行業一樣一股腦壓低成本就好。能降的地方降，要做排場的地方就花錢……抓平衡是很重要的。

我認為做生意的基礎是「又快、又好、又便宜」。也就是做東西速度快、品質高、成本低，書本也能套用這個規矩。做書當然可以花好幾百萬的廣告成本，再來要求報酬，但這不是每次都通用，如果失敗就會危及營運，風險很高。

總之，編輯也要多少了解印刷費、紙張費、發包費等費用，不然只會做出砸錢的書。

「成本高又如何？暢銷就好啦。」

有編輯會這樣耍賴，但社會可沒那麼好混。另外有些編輯會把成本丟給製作部門去想，這也是走歪路。

我是小出版社出身，算成本可是錙銖必較，做書的時候，我都會像下面這樣思考。

假設提高封面紙質，看起來比較有派頭，這個紙質要提升五萬日圓的成本。如果這本書的定價是一千五百日圓，給盤商的價格是一千日圓，就等於吃掉五十本書的利潤。多賣五十本書，就賺回這五萬日圓。所以就算提升這些成本，只要多出五十個讀者就好。

這也可以反推，比方說把封面紙質降一級，像是從特銅紙改為雪銅紙，即使都是白紙，也會覺得光澤比較低。如果封面設計為白底，擺在書店裡的派頭就是比較差。

從特銅紙改為雪銅紙所節省的成本，以一萬本來說只能節省幾萬日圓，假設五萬日圓好了。按照前面的規則，相當於五十本書。我相信只要把特銅紙改為雪銅紙，全國大概有一百個人在書店裡會錯過這本書，所以設計封面的時候絕對不用雪銅紙。

內頁用紙也是一樣，想做長銷書的話，內頁絕對不會用容易泛黃的紙。

或許我的想法很極端，「五十人、一百人」這樣的數字也沒有根據，但我認為至少要有這樣的觀念在。成本丟給製作部門去想，就算不上真正的編輯。

另外，稍微接觸過編輯這一行的人應該知道，書本的單位是十六頁、三十二頁。當然四頁、六頁不是不能印，但印刷費用與十六頁幾乎相同。所以一百九十二頁要加頁，就得加到兩百零八頁，再加一次最好就是兩百二十四頁。

為了符合頁數，刪掉這裡，搬動那裡……編輯可是吃足苦頭。這真是乏味的雜務，但也是編輯的工作之一，足以證明編輯工作就是乏味。

◈要思考「改變這則標題可以增加多少讀者」

不只物料要考慮成本，整理原稿所費的工夫也是一樣概念。

如果把標題改成這樣，是會吸引讀者還是嚇跑讀者呢……編輯做書就應該想這個。如果把這則標題改成這樣，或許會增加五十個讀者，反之改成那樣可能會嚇跑一百個……

這當然沒有資料佐證，我也無法掛保證，只能說是感覺。我想沒有什麼定律說「讀者就是會接受這種標題」，但是去思考這件事，自然能夠隨時替「讀者」著想。「好標題」會吸引讀者，或許只會多吸引五十個，但是積沙成塔，慢慢就會形成「好書」。

所以我對標題、書名、副書名、前言、目錄……這些主要部分，會修到自己接受為止。

書名、標題、前言、目錄，這些是讀者在書店拿起書會最先看的部分。我想沒幾個人會看完整本書才決定要不要買，所以務必要用「前言與目錄」來吸引讀者的興趣。

這部分我會在第三章詳細解釋，總之並不是多費工夫就好，而是要考慮你做的標題與目錄，有沒有符合讀者的感性與需求，會不會讓讀者想看下去——說起來很抽象，但基本上就是如此。

◈ 書名頁背面要是「白頁」！

有時候成本砍過頭，什麼東西都在出版社裡面用桌面出版來做，就會做出不該出現的書。比方說一本書沒有「扉頁」（翻開書本的第一張紙，介於封面與內頁之間，強化兩者的黏接。扉頁的一邊貼在封面內側，另一邊是「留餘」，也就是內頁前面的一張白紙）。如果是文庫書或新書還可以不要扉頁，但現在竟然有三十二開本把扉頁弄成「共紙（跟內頁使用相同紙張）」，這確實省了扉頁的紙張費，壓低印書成本。

會把成本砍到見骨的出版社，就會做出這種事。

但是請比較看看，這樣做出來的書真廉價。

「能看不就得了？」

——從書本就能瞥見這樣的心態。

就算降成本再怎麼重要，這樣真的好嗎？

另外一種，就是從書名頁（內封面，扉頁的下一頁）背面開始印前言的書。雜誌或雜誌書（mook）或許會這樣做，但一般書籍這樣做，我覺得不妥，我認為「書本」就該有「書本」的款式。

「這跟銷售數字無關啦。」

也有編輯會這麼說，而這或許也沒錯，書名頁背面用「白紙（什麼都不印的白頁）」算是一種浪費，但書名頁可是舞台的「幕」，演員趴在舞台幕的後面，怎麼能開幕演戲呢？

也有人說，這種想法落伍了。

但是我認為書本不一樣。

一直保持書名頁背後是白頁，一個也好，我就是希望至少還有這樣的編輯存在。

如果是小說和散文，通常連中間的章節頁背面都會留白，但是實用書的章節標題斷太開，就不好閱讀，實用書的每個章節，最好都在一個對開版面裡完結。

我很堅持「章節在對開版面裡完結」，所以都是從章節頁的背後開始第一段文字。

5 要看其他類型的書

◈ 向參考書學習

我想針對封面設計說說自己的想法。

如果你正打算做一系列的商業書，尤其是教學書，不只要去逛書店的商業書櫃位，還有個櫃位要逛，那就是書店的「學習參考書」櫃位，或者雜誌櫃位也行。

學習參考書櫃位上的書本類型有限，只有世界史、本國史、數學什麼的，然而各家出版社都很用心做自己的書，比方說同樣是世界史參考書，封面有哪些不同？圖案設計哪裡不同？內容架構哪裡不同……

光是觀察這些，就可以做為製作實務書的參考。比方說簿記書，怎麼做都只是簿記書，如果做得太突兀，會讓那些「想學簿記」的人一頭霧水，那麼書本的附加價值應該做在哪裡呢？

我曾經在實務書的封面上放過照片，距今大概三十年前了。在那之前，像《了解財務報表》這樣的書，封面絕對都是一堆數字構成的圖案。

但是我到學習參考書櫃位一看，發現《好懂的數學》這本參考書的封面有蘋果照片，我想這就對了，於是在《年金入門》的封面放上白色桌子、盆栽、毛線的形象照片，看起來很溫和。這樣的照片確實描述了豐饒的老年生活，但我還是以照片的美感為優先。我在《學會經營管理概念的書》的封面上，則是放了蛋殼裡冒出美鈔與硬幣的抽象照片。

財務報表書的封面就畫數字，速讀書的封面就畫書——我希望你能放下這種僵直的想法。如果想要設計出美麗的封面，最好多看看攝影雜誌和美術雜誌。

最近的商業書，封面不是放著跟書名毫無關聯的照片，就是放大篇幅的漫畫插圖，甚至掛上寬腰帶放著作者的超大照片……每位編輯都煞費苦心，有很多創新的作品。

但這只是一時的跟風，各家出版社馬上就會推出類似的封面，很快就不新奇了。只要某種風格的封面流行起來，頂多只能撐個五年，要小心時效。

所以編輯要隨時架好天線，不吝惜花時間花工夫，比方說在雜誌上看到好的圖片照片，就剪下來保存。

◈ 封面設計是提升書本魅力的第一關

以上我說的東西，比較適用於同類書很多的教學書，然而最近「商業書」跟之前的走向已經差很多了。現在的商業書真是包山包海，有自我啟發書，有科學與物理的入門書，有輕鬆簡單的養生書……只要把任何東西轉成給商務人士看，全都變成了「商業書」。

這一類的書非常重視封面設計與內文排版。如果是鎖定女性讀者的書，就有女性喜歡的封面；如果是鎖定年輕人的書，就有流行的封面；如果是鎖定中高年齡層的書，字體就要大……這些貼心細節非常重要，畢竟要是封面不吸引人，讀者根本不會拿起來看。

我不喜歡樸素的封面。放下「不嫌棄的話請拿起來看看」的封面，要是沒有「少廢話快點買！」的氣勢與魅力，連第一關都過不了。但是最近好像又怕太熱情會把讀者嚇跑，所以設計變得比較清爽了。

封面設計與內文排版，編輯的基礎都是「參考同類書」。但是要做商業書，不代表只能參考商業書，比方說最近常出現的「新書」（變形三十二開，比文庫本稍大），只要稍微調整一下，也可以做成三十二開或雜誌書。新書的主題比較集中，乍看無法出單行本（編按：日本的「新書」為各領域專家為一般大眾寫成的入門書。）但只要換個角度來看，就有很多創意的線索。

◈ 最重要的還是「內容」！

不過封面充其量只是「門口」，關鍵還是在於內文是否好懂。就算用封面與書名吸引到讀者，內容空洞的話就做不出口碑。

好書就會上讀者的部落格，這個宣傳可小看不得。

前面已經提過，最近很多編輯部自己在做桌面出版，比方說奧多比（Adobe）的Indesign真是便宜又好用。但我常常看到一些案例，太重視排版細節卻沒有關注到內容。

如果是圖片很多的書，最好交給專家來排版，但是在專家製圖之前，一定要由編輯來畫草圖。如果直接使用作者做的圖，或者全都交給設計師製圖，永遠無法成為「好懂的圖解書」。

我剛成為自由編輯的時候，曾經猶豫要不要買蘋果電腦來用，當時有個替我做過圖表與插圖的朋友勸我：「最好不要。」

「片山哥這個人很講究細節，肯定會動手去做圖表跟內文排版，但是編輯最重要的工作是企畫，這種細節交給專家來就好。」

當時蘋果電腦很昂貴，應用程式也還不夠成熟，所以我想當時沒買是正確選擇。不過目前想要買蘋果電腦的人，我認為可以積極考慮。現在的桌面出版軟體方便很多，如果要設計頁面，舊型的文字處理機已經不夠用了。

我會在第三章詳細解釋圖解，但這裡要先說清楚，實際上並不是圖愈多愈好懂。如果文章不是非常艱澀，文字多少都能看得懂，而且你很難相信，光靠標題其實能讓內文簡單不少。

但是一本書裡面最難收拾的殘局，就是看不懂的圖表。可能整本細心解說的文章，最後全被「圖解」給毀了。

另外，如果想把內頁編排得很「時髦」，最好請設計師來做基本格式。編輯不是不能設計版面，但是設計師編排過的版面，就是比較時髦。

不過在委託設計師的時候請不要「全丟包」，如果編輯拿一本書去對設計師說「請你做成這種感覺」，那就是主動放棄了參與編輯設計的機會。

「這本書不錯，能不能用在我們的書上面？」

至少用這種說法吧。

設計師對書本內容的理解不如編輯，所以做書的編輯要把書本內容精確描述給設計師，或者編輯自己提出意見，這麼一來才能做出版面精良的書本。

至於本書的內文編排、目錄編排，基本上是由我所想的。我把想法轉達給桌面出版作業員，經過討論之後改進得更好了。

【第三章】好書和暢銷書是這樣做的！

——編輯需要的幾項「技術」是什麼？

編輯技術包括了原則與理論，但它們並非枯燥乏味的準則。

1 「企畫」是怎麼做出來的？

◈ 編輯要見到人才能做生意

編輯千萬不能嫌「見人」很煩，你可以看書或雜誌想到好點子，但絕大多數的點子都來自於與人交談，或聽人說話的時候。

作詞家阿久悠先生曾經寫過一段話：「我已經寫了四年的連載，卻從來沒有見過編輯，直到連載快結束的時候才想說『這樣不太好』，所以主動去找編輯了。」這已經是快要二十年前的事情，或許就是從那時開始，狀況有了些改變。

我目前住在故鄉的四國愛媛縣，在這裡處理文書，但是會到東京出差，跟出版社與作者（通常在東京）商討重要事項。畢竟能不能做出好書，有一半取決於企畫討論得順不順利，而且討論過程中還可能激發出新點子。

見人，尤其見作者，就是這樣的重要。你可以說，感覺到「體溫」才能創造出什麼來。

現在進入網路時代，簡單事項可以用郵件討論，然而關鍵還是要當面談才好。往後 Skype 之類的通訊軟體不斷普及，沖繩、北海道，甚至其他國家，視訊通話都會是稀鬆平常了吧。

但是小說家、插畫家、設計師也就算了，「見人」對編輯來說可是重要的工作。企畫，就是在見人的過程中誕生，甚至通常會在閒聊的時候冒出靈感。見人當然要考慮對方是否方便，但就算見不到，也要常常打電話。我自己常常使用電子郵件，但是人聲與郵件就是不同。

以我來說，會先用郵件跟東京的編輯或作者討論「企畫書」「企畫案」之類的大概，在郵件上互相提幾次意見，決定書本的大方向。

比方說要做成書本，還是雜誌書？如果是書本，要做三十二開，還是變形三十二開？要不要做彩頁？郵件就是要決定這些大概的架構，這用郵件也就夠了，但有些狀況就是當面談比較好。要當面談的情況，就是決定企畫內容細節的時候，如果可以用 Skype

我會用，但是一定有些情況需要做重要決策，碰到這種局面我就會去東京。

序章要寫多少篇幅？第一章與第二章要怎樣的架構？在畫這樣的「設計圖」的時候，細節必須當面討論，細細琢磨。

就像蓋房子少不了藍圖，柱子的位置、窗戶的位置、電線插座、水管，這些細節沒搞定，房子就不能住人。

房子的藍圖，就相當於企畫書。

◈ 沒有書名的點子就成不了企畫

「那麼編輯跟建築設計師差不多嗎？」

有人這樣問過我，而我總是模糊地回答：

「非常相似，不過工作可能比建築設計師更細，範圍也更大。」

編輯的種類五花八門，建築設計師也有專門蓋大樓的，或者自己經營設計事務所的，甚至替大建商工作的。每個人的工作內容，都有細微的差別。

大建商的設計師蓋大房子，而中小建商或獨立設計師的規模較小，要扛的工作也比較多。大建商的設計師只要畫完藍圖就沒事做，小設計師則要跑建築工地，檢查工人有沒有正確使用自己想要的建材等等。

同樣的道理，出版社大多是中小企業，編輯真的要包山包海，甚至要接觸印刷、裝訂、選紙等等。

看過房屋建設工地就知道，有好多廠商參與其中，除了木工還有水工、電工、園藝、空調、窗簾……每個項目的選擇與安裝都有專業人員。通常工地會有「監工」來調度這些人，但是編輯做一本書，就好像設計師自己監工一樣。

製作「設計圖」是做書非常重要的元素。一本書不只內容要好，架構要扎實，還要考慮「書名」「封面設計」「標題」「標題風格」……這些細節有沒有抓清楚，就決定往後的編輯作業是順暢或糊塗。

尤其是「書名」。

請記住，沒有書名的企畫根本沒用，換句話說，企畫大多是從書名開始的。要先想到書名，再去琢磨內容。也不一定從主書名開始，可能是廣告詞、腰帶標語……這些廣告標語在初期階段不需要完美，只要盡量想盡量寫就好。

◈ 全力思考想對讀者表達什麼

設計師要畫設計圖，編輯要寫企畫書。正常來說一本書應該是由作者來寫，但是第一次寫書的人，通常不知道怎麼寫書，所以編輯要幫忙作者安排目錄跟大綱。

有很多作者不太了解讀者，這種人有「想寫的文章」，但是寫稿的時候不懂怎麼有效地表達給讀者知道。換句話說，這種作者不知道怎麼寫給讀者看，怎麼寫才好賣。

我在做企畫書的時候，會先想像「讀者」，有時候想得不是很明確，但是會暫定為「父親」「母親」「小孩」等等。總之，有目標讀者是寫企畫的關鍵。

我也會建議作者這麼做。

這點在文藝書來說是一樣的，只是商業書會更顯著。

如果沒有考慮讀者就做出企畫，就會做出搞不懂目標讀者的書來，而這樣的書應該賣不好吧。

很少有商業書的作者是大名鼎鼎的小說家，通常都是跟文筆無緣的會計師、稅務士、律師、醫師、顧問等實務行業。這麼一來，編輯就要更貼近作者，有更多機會給作者建議。

比方說最近暢銷的「養生書」，這是一種主打隨便看看就會更健康的方便書，現在連養生書也包含在商業書裡了。

養生書的作者幾乎都是醫師與藥劑師，但是很少有醫師、藥劑師或看護能夠貼近讀者心境，寫出讓讀者頻頻點頭的大綱與原稿。

大多狀況都會有變成醫學專業書的風險。

然而只有書名沒有內容的荒唐書，也會讓人質疑作者的學問。最近有兩本書名很刺激的暢銷書叫做《想長壽就按摩小腿肚》（アスコム）、《吃藥讓你病》（あさ出版），都是賣了幾十萬本的暢銷書，而且內容也都相當像樣。如果內容不像樣，光靠稀奇的書名賣個一陣子，很快就賣不動了。

如今養生書已經席捲了書店櫃位，要怎麼在其中做出差別呢？比方說從書名、標題、編輯設計……想了這麼多才終於算是個「企畫」。商業書和實用書的同類書很多，能不能做出差別將會大大影響書的品質。

能不能做出差別——其實就是「釣鉤有沒有下對位置」，這也是企畫書的關鍵。所謂釣鉤下對位置，就是有某種關鍵字讓讀者覺得「喔，這個好看！」前面提過「沒有書名就不算個企畫」，而關鍵字跟書名也是一樣重要的元素。

但如果內容不怎麼樣，書就賣不好。就算書名的釣鉤下對位置，一時熱賣，卻沒有「真好懂！」「說得一點都沒錯！」的感動，數字很快就會掉下來。

把專業作者例如養生書的醫師、藥劑師等等的專業知識消化得淺顯易懂，再傳達給讀者——這就是編輯的工作。

◈ 大綱要嚴謹還是粗略？

第一章稍微提過，文藝書只要有「作者」跟「編輯想要（或作者想寫）的主題」，通常企畫就大致完成了。

「文藝書也有很多工序要跑！」

應該會有人這樣反駁，但文藝書的作者大多是文筆高手，除非是新手作家，否則只要動手寫下去都是「任由他去」的狀態，大綱早就在作者腦海裡了。

但是到了商業書的情況，編輯通常要決定大綱的小細節。無論對作者是褒是貶，都要寫出一份「請這樣寫」的企畫書。

這時候應該徹底討論作者意願、出版方針等大方向。作者只要是「最貼近讀者的普通人」就好，當你委託沒有寫過書的人、沒沒無聞的人寫書，結果大賣，請珍惜這份成就感。

有時候也會請人代筆，比方說有一位熟悉經營管理的寫手寫了原稿，再由公認會計師掛名「作者」來檢查內容，這就是了。這時候寫文章的人是專家，細節交給寫手處理也行。雖然不能一概而論，但有時候代筆所寫的原稿就是缺乏說服力。所以我認為編輯務必要採訪會計師，聽聽「實際的聲音」，反應在原稿上。

無論如何，作者是人，編輯也是人，書本內容會在討論過程中發生微妙的變化。而且時代流轉改變，想都沒想過的內容可能大賣，甚至改變出版業的趨勢，編輯就該看出這樣的趨勢。

所以我不會一開始就訂出「嚴謹」的大綱，然後一字不差地照做。有很多編輯或寫手會先寫出非常細膩的目錄再做事，我做的只是個概觀，只有大標題（章）跟次標題（節），或者再加上封面的視覺印象這樣。

然後要想個好書名，讓讀者看一眼就懂內容、被吸引。

再來通常只是做好「架構」，例如「這一章要這樣寫」。這個方法可能是旁門左道，但我很重視在做書過程中的靈光乍現。

編輯做書的過程中會浮現很多創意，如果沒辦法在可接受範圍內保留一點下來，書本成品會變得很艱澀。工作就像煞車的遊戲，總要留些這樣的空間才好。

◈ 隨時思考「修飾成果」

即使如此，還是不能忘記每個過程中都要想像「修飾成果」，這就像是編輯熱切的心願：「我想做成這樣的書。」在工作過程中，必須隨時確認這個心願。

反過來說，一旦「修飾成果」的印象搞錯方向，不管編輯作業多麼精準，我敢保證絕對做不出能打動讀者的書。不管嚴謹或粗略，編輯都該做出自己的企畫，如果猶豫就回頭重做……書本就是這樣來來回回地做，才能問世。

「我想要做怎樣的書？」

「我做出來的書是什麼內容，該怎麼設計、長什麼樣子？」

這也就是隨時在心中想像「終點」的樣子。

自己編輯的書放在書店裡，會是怎樣的一本書？是怎樣的讀者會來買？希望你要盡量想清楚。

這不是業務員的工作，完全就是編輯的工作。

2 商業書編輯的「企畫、建構力」

◈ 商務人士看的書，就是商業書

對商業書、實用書來說，企畫力也就是「建構力」，就是做目錄的能力。

除了小說、非虛構、漫畫之外，現在幾乎所有書都是商業書。商業書原本只是個小類別，現在變得龐大又複雜，但是仔細看看，其實很多企畫都很相似。

我將會把第三章的說明限定在「商業書、實用書」，商業書領域已經太過肥大，如果針對每個小類型說明「作法」，反而會完全看不懂。另外，我會盡量避免說明文藝書。

當然，基本理論不管放在哪個類型都不會變。

說到商業書，如今已經是包山包海，正如前面所說：「只要是商務人士看的書，都算商業書」，而大多商業書的關鍵字就是「好懂」。商業書現在有這麼多種類，又需要高深的知識，幾乎都要跳脫商業書成為「專業書」了。

市面上也有《看漫畫學經營管理》這種書，我認為這也是廣義的商業書。但是很遺憾，主打「看漫畫學習」的商業書裡面，有些其實看了漫畫也不懂，或許這是因為編輯沒有深思熟慮，誤以為「只要畫成漫畫隨便講講就會好懂」吧。

漫畫的資訊只有圖畫跟對話框，或許可以拿來入門，但是資訊量實在太少，原本能懂的都看不懂了。另一方面，只有文字的漫畫又會造成反效果，掌握其中平衡真是困難。

◈ 企畫力就是靈感

企畫力就是要想到一個讓讀者驚豔的主題，但是主題太過創新，讀者反應不過來、或者讀者太少也是個問題。如之前所說，編輯要隨時捫心自問：「我的讀者是誰？」

比方說我們要想一個有關「溝通」的企畫，到這裡誰都會想，問題是接下來怎麼辦。

解釋的技巧、聆聽的技巧、讚美的技巧、避免冷場的技巧、罵人的技巧……還有操縱人的技巧、不討人厭的技巧、莫名吸引眾人靠近的技巧，如果沒辦法像這樣想出一籮筐點子，就不算是編輯。有了點子，再加上個創新的書名。

這種本事不是有人教就學得會，編輯只要隨時保持好奇心，某天腦中就會浮現「靈感」。

大致上，編輯是否優秀就取決於有沒有靈感。

「主題這麼小範圍，可以灌到兩百頁嗎？」

應該有人會這麼想。

但是把頁數灌滿，或者找到一個可以灌滿頁數的作者，才是編輯的工作。大概十年前，有本《有話請在三分鐘內說完》（かんき出版）很暢銷，最近則有另外一本《你擔心的事，九成不會發生——減少、放下、忘記的「禪訓」》（三笠書房）也很賣。這兩本書的共同點，就是整本書連書名在內都鎖定很小的目標讀者，它們不用《強化溝通力》這種模糊不清的書名，而是靠「三分鐘」「九成」這些數字，讓讀者覺得內容好像很具體。

像這種劈頭就說「三分鐘」「三天」「一星期」「九成」等數字的書名，也是最近的一種傾向。

◈編輯的原點在於「？」與「！」

編輯是繁雜瑣事的集大成，而這份工作的核心當然就是「企畫力」，沒有企畫力，什麼都免談。

所以編輯必須是個優秀的創意人，優秀的企畫人。

那，企畫是什麼呢？

企畫剛開始可能只是單純的「靈感」。

「這個應該很棒！」「這個可能會賣！」

編輯的工作，就是栽培這些小小的種子。很多暢銷書，出自編輯跟人把酒言歡時不經意的一句話，只要一個粗心，稍縱即逝。

「靈感」可以說是企畫的原點，當然只有「靈感」是不夠的，還要有好的「直覺」才能做出企畫。

把稍縱即逝的靈感琢磨成企畫，這就是編輯的任務，也是工作，而想要靈感，就少不了大範圍的好奇心。

我尊敬的一位編輯前輩，曾經這麼說過：

編輯的原點在於「？」與「！」

我認為這真是名言。這個「？」與「！」剛開始只是很個人的興趣，光靠興趣沒辦法做企畫，更別提做書。但是編輯就要慢慢琢磨，做出讓許多人有共鳴的內容。只要琢磨自己的興趣與好奇心，就會慢慢看見那周圍的事物。看不清好奇輪廓的企畫，根本當不成企畫，而看不清好奇輪廓的編輯，也只能說是「沒天分」了。

要隨時考慮讀者——這我已經說過很多次了。

「說夠了吧你。」

讀者可能想這麼說，但書不是做給書店或盤商賣，是做給讀者看的，希望編輯千萬不要忘記這一點。當你有煩惱，有猶豫，就先回這個「原點」看看吧。

然後不要離讀者的心境太遠，只要比讀者「領先半步」就好。領先一步就太遠，但是跟讀者並肩走又做不出新東西。在琢磨企畫的時候，總要思考「讀者想要些什麼？」「讀者在煩惱什麼？」

◈ 企畫力也就是建構力

另外一點，如果主題是經營管理、經濟、稅務等等，同類書會多到數不清，硬是要做這類書，就必須想清楚「要做怎麼樣的經營管理書」。

以「經營管理」「行銷」的書來說，要怎麼理解經營管理、會計和行銷呢——企畫結構一定要有這個概念，否則不構成「企畫」。尤其這類主題可以寫得很困難，也可以寫得很簡單。希望編輯要從全方位去思考，讀者想要多大的「資訊量」。

畢竟經營管理跟行銷，牽涉的範圍很廣。

前面提到的經營管理書，如果只是《好懂的經營管理書》，別說企畫，連個哏都沒有，這可是教學書的大關鍵。

怎麼樣的經營管理書——只要探討這一點，應該會慢慢搞懂其他書沒有的架構、標題、書名、封面設計等元素，這些元素都湊齊了，才算是個「企畫」。

簡單來說，需要建構好整體的能力，也可以說是綜合的建構力。

這時候有個陷阱，就是會太過堅持「我要做出前所未見的經營管理書！」這股氣勢很不錯，但是「前所未見的書，代表出了可能也賣不掉」，還是要研究過去的資料才好。

並不是只要做出差別就好，稀鬆平常的經營管理書，有時候只是用心做標題跟書名，也會大賣。

尤其商業實務書，讀者會買都是想要從中學到些什麼，要是太跳脫實務內容，反而賣不好。但是商業實務書太常見，又沒辦法做出商品區別，這裡的「火候強弱」就要靠編輯的直覺了。「只要走這個架構，寫這個書名，自然會鎖定讀者」——我想這個觀念最自然。

編輯的原點在於「？」與「！」

把你的靈感琢磨成企畫吧！

3「前言」這部分就是要抓住讀者的心

◈「前言」要使上全力！

每一本書都是「新商品」，上一本書的編輯方法，可能對下本書完全沒用，但總是有一定程度的理論存在。尤其教學書，通常都是從「模仿暢銷書的優點」開始。

這麼看來，肯定有一定程度的理論存在。

「我沒辦法用一句話說清楚，總之這麼做就會變好書。」

如果你看不懂，我說這就像不帶指南針去登山。

比方說買書的時候，你會看哪裡來選書？我想不至於全部看完才買，所以會先看顯眼的部分，其中最重要的就是「前言」與「目錄」。

一般來說，讀者要買書的時候會先對「書名」產生興趣，靠前言加深興趣，看目錄確認內容之後再買書。如果前言與目錄可以刺激讀者的購買慾，這本書基本上就會被拿去櫃台結帳。

尤其是「前言」，很多人買之前都會看，看了會怎麼想？

「原來如此，所以才會是這個書名啊。」

「這個作者有這種經驗，所以才會寫出這種內容啊。」

「同類書有很多，看來這本書是寫這些的。」

「原來書名的內容是這個意思啊。」

……讀者因此就理解了些什麼。

如果沒有這樣的「理解」，讀者就不會吸收內容。

同類書很多，所以，

「這本書有特別！」

「這本書值得買！」

會需要讓讀者這樣想的東西。

不久之前，書本的前言只有三到四頁，但是讀者看了本書就知道，我的前言寫了十頁以上。

「這本書的賣點就在這裡喔！」

如果要清楚強調這件事，三四頁的前言實在不夠用。

電視劇的「下集預告」總是喜歡吊人胃口，這可以吸引觀眾的興趣，想說「下集也要看」，而書本的前言就很像預告。

幾年前我幫忙編輯了一本《只要一天，聲音好得讓你感動！歌喉也更棒！》（すばる舎），這是一本發聲訓練書，但不只是訓練你發聲，而是由「歌手」與「專業教練」共同寫作。「專業教練」教你怎麼放鬆身心，「專業歌手」具體教你怎麼發聲——

所以書名也說了「歌喉也更棒」。

這本書成為三年賣十萬本的暢銷書。

發聲訓練書有很多，但沒有一本書說「歌喉也更棒！」基本上發聲訓練書都說「姿勢正確，聲音就好聽」或者「用丹田呼吸，聲音就好聽」，卻沒有一本書談到「唱歌」。

這就某方面來說是個冒險，所以我在「代替前言」這部分徹底解釋了這本書的特長，引用的部分有點多，我就介紹開頭與結尾吧。

◈ 前言就像藥品的療效說明

商業書的「前言」就好像藥品的療效說明，必須解釋這本書為什麼好看，或者能幫上什麼忙。

「本書能夠出版，要感謝出版社的○○大德」這句話在文藝書上或許有意義，但是商業書讀者只想從書本獲得資訊，就不需要寫這個了。

如果作者在前言寫這種謝詞，我通常都會請作者刪掉。

好，該來看這段前言了，重點我會用粗體強調。

你還不知道自己「真正的聲音」——代替前言

書店裡有很多介紹「說話方式」的書，這或許說明了，很多人不擅長與他人溝通。

我看過其中幾本，有許多醍醐灌頂的收穫，在強化溝通的時候，「說話方式」的書確實能帶來幫助。

但是我又擔心一件事。

那就是**連「聲音」都發不出來的人，看「說話方式」的書能夠好好對話嗎？**

就算學會了美妙的「說話方式」，聲音卻太小，對方就會覺得你沒自信，或者沒幹勁……如果對方聽不清楚你的聲音，甚至會覺得不耐煩。

「說話方式」書通常都會提到對話範例，而範例中提到的人們，前提都是說起話來洪亮有力。

所以對話才能成立。

然而用蚊子叫的細聲來練習對話範例，又會如何？

再者，就算努力學會幾十種說話方式，一旦說話對象改變，說話方式就會暴增到幾萬種，我們不可能全都記起來。

於是我想到，**與其改變「說話方式」不如改變「聲音」本身，更能有效提高溝通力。**

人會從你的聲音去感受你的誠意、真心、信心等「能量」，所以要先把聲音變得洪亮有力，這才能表達出你的誠懇，對方也才能安心聽你說話。

（到這裡是前言的開頭，下面的文章是結尾，總頁數有十三頁。）

這本書教你像唱歌般發聲，學會說話的發聲法。

「如果我連聲音都不好，還需要唱歌嗎？」

我想一定有這種人。

結論是，想解決聲音的煩惱，最短捷徑就是像唱歌般發聲。

只要學會簡單的「歌唱技巧」，就能解決大多的聲音煩惱。因為唱歌比說話需要更多氣，學唱歌自然就在不斷學習如何吸氣與吐氣。一回神，你就學會正確的發聲法了。

（中略）

在我們的經驗裡，聲音小的人通常態度消極，聲音大的人則比較積極，這是因為聲音與大腦息息相關。發聲的時候深呼吸，會運送更多氧氣給大腦，連結大腦與身體的腦幹就能被掃得乾乾淨淨。腦幹掃乾淨之後，大腦就會發揮「潛能」，打開「幹勁開關」。

幾乎所有人都只用了原有發聲能力的一成，但是只要用這本書介紹的方法，就能大大解放發聲能力。

當你用天生具備的「真聲」來說話或唱歌，你的大腦會受到爆發性的刺激，進而一口氣解放潛能。

開發了聲帶的能量，你會獲得前所未有的靈感、創意與能量。

「你聲音好好聽喔，我都聽入迷了。」

「你歌唱得真好。」

聽人這麼說的喜悅，就好像對方無條件認同自己，真是開心，我希望各位也都能分享這份喜悅。

改變聲音，就像把過去的自己重開機，重生（rebirth）為全新的自我。

這套發聲法必定會對你的人生帶來極大震撼。

而且……就從今天開始！

前言範本終點

如何呢？裡面寫到了聲音與唱歌的關聯，也寫到「學會唱歌」的好處，我想是個「具體來說寫了些什麼」的敲門磚，關鍵字則用正黑體。

當初我花了不少時間，才寫好這篇前言。

◈ 要有勇氣，別怕重複

接下來是目錄與序章。

我也會花篇幅好好做目錄，有時候可能目錄就超過十頁。有這麼多目錄，就幾乎包含了內文的所有標題，只要看過目錄，讀者就能掌握大致內容。

好的教學書，前言與序章一定非常好懂。

但是我想每個做過編輯的人都知道，用某個主題來做一本書的時候，要是前言與序章寫得很好懂，難免會跟接下來的第一章或第二章內容重複。

我認為「前言是效能說明和預告」，「序章是摘要」。

「前言」要說這本書裡寫了些什麼，為何要寫這本書，看了這本書會學到什麼事，而且要寫得簡潔。如果作者很有特色，也要寫進去，如此「才會有這本書誕生」。

有時候可以改變字體，像電視節目會在開頭兩三分鐘做出「大排場」，大概就像這樣。只要在開頭拉住觀眾，至少就不會馬上轉台。

套用這個觀念，「序章」就是第一章與之後的摘要，整理出「賣點」來。

如果在書本結構上會出現在第二章之後的內容，你認為「先說出來可以吸引讀者」，那就別猶豫，放進前言或序章裡面吧。

假設有一本書是《好懂的經濟架構》，第一章或序章應該就是「何謂經濟的基本架構？」但是如果真的要讓讀者了解，那麼第二章之後才會解釋的金融或產業結構，就該拿到前面來提一下。

話說回來，在序章或前言把金融和產業結構講得太清楚，就會跟第二章開始的內容完全重複，所以通常我都是「點到為止」。

不提前解釋，讀者也可能「看得一頭霧水」。我不能說每次都一樣，但我常常在前言或序章，硬是解釋內文第二章之後才要解釋的事情，如果不這麼做，讀者看了前言或序章之後還是會抱怨「看不懂」而放棄。

這麼做，內容當然會重複，所以我碰到重複的部分會補充「前言有簡單提過」或者（→參考第幾頁），來拉出連結。

而且就算跟第二章之後要解釋的內容稍微重疊，也應該在序章或第一章整理出「基礎」給讀者理解。這樣的架構，讀者只要看過序章與第一章，就大致懂了這本書。

這麼做真的需要勇氣，重複相同的內容，編輯一定會擔心會不會很囉唆。但是真正的重點，在於前言講一次，序章講一次，第一章開始講個仔細——就是要這麼煩人。

不過每次的文筆都要稍微調整，如果同樣一段文章不斷出現，不管再怎麼強調「很重要」，也太不用心了。

另外有個老招式，就是在序章放個案例研究，吸引讀者的興趣。比方說「遺產稅」的書，不懂遺產稅基礎知識的人就算看了案例也看不懂，所以放在序章的案例必須盡量簡單。然後加上「本案例後半會於第三章詳細解釋……」更好。

可是這招用得太過火，會變成繁瑣囉嗦的書，「火候」還是很難掌控的……

教學書不是單純的「說明書」，應該要讓讀者看得開心，看得感動。教學書必須好懂，還要好看，像說明書那樣乏味的文章，讀者看到一半就膩了。

就這點來說，拉太多連結、放太多參考第幾頁，不小心就會變成乏味的書。必須費點苦心，寫成對話形式，或有效運用插圖等等。這些心思，才會創造出「真好懂！」的感動。

4 做目錄的方法

◈ 編輯其實不太看企畫書？

很遺憾，無論是肥厚的企畫書或者簡單的企畫書，最近的編輯都不太看，甚至主管在企畫會議裡面只想著「這本書好不好賣」。原本要觀察一本書的「目標讀者」「目錄」「創新度」，但有太多無名作者的拙劣企畫書，如果全都看了確實是沒辦法做事。

即使如此，我還是想說「編輯一定要看企畫書」。或許一百份裡面九十九份都沒用，但總有一份「行得通！」的企畫。如果這種傻氣又傲氣的編輯變少了，我會很難過。

不過這也是「場面話」，無論作者或編輯部本身的企畫會議，只要拿不出一眼就覺得「行得通！」的企畫書、企畫案，馬上就會被打回票。

重點是「企畫主旨」、「與同類書的差異」還有目錄與前言。企畫書階段可以粗略，但至少要在裡面加上前言與目錄。前言就是一本書的摘要，應該獨立附在企畫書裡面。詳細的企畫內容，之後再補就好。

無論是編輯做出來參加企畫會議的企畫書，還是作者送到編輯部的企畫書，都要站在讀者的立場去琢磨。

◈ 網路書店可以看書的開頭

最近在亞馬遜之類的網路書店，可以看到一本書開頭的二十頁左右，也就是在買之前就能看到封面內頁、前言和目錄。這也是我為什麼堅持，要盡全力去做好前言與目錄。目錄只要瀏覽一遍就能大致掌握內容，所以不能寫什麼「何謂○○」，必須是能夠一針見血打中讀者疑點的標語。

同時最好舉出兩三個「書名選項」，編輯要從書名開始推敲，想像書本製作的成果。

我曾經做出二十個字以上的副標，假設主標是「何謂○○」，那麼就該用副標去回答主標的問題。比方說這樣：

●遺產稅應該怎麼繳？

有以上這個標題。

●有「延納」與「物納」兩種

這樣讀者看不懂。

●如果無法用現金繳納，可以選擇展延的「延納」或繳交物品的「物納」！

——這樣詳細的副標會比較好。看起來或許有點長，但至少比單純的「延納」、「物納」好懂多了。另外我會在標題裡加標點符號，畢竟標題做得比較長，有標點符號當然比沒有更好懂。

◈企畫書也要從「書名」開始

在做企畫書的時候，最大關鍵就是「書名」，當然不需要是最後的確定書名，只要能掌握內容，跟同類書做出區別，通路會怎麼看待這本書……把這些項目跟「企畫主旨」一起提出來就行了。無論是作者送企畫給編輯部，或者編輯送給主管，基本上都一樣。

書名是讀者對書產生第一印象的部分，如果曖昧不明，內容也會模糊不清，甚至連目錄都糊里糊塗。

想說的要說得簡單，做目錄要強調關鍵字。尤其是教學書，應該盡量少用「何謂○○」這樣的標題，而改用「○○就是◇◇」這樣的標題。

讀者想知道什麼？可以稍微寫得長一點，但是簡單明瞭。對教學書來說，必須好懂到光看標題就有答案。

繼承與贈與的關係

請極力避免使用這種看不出內容的標題。

還有一點，企畫書應該說清楚「這個作者是什麼人」。先不提知名作家，商業書作者通常都是沒沒無聞的，就算有點名氣，也是在自己的專業領域裡，比方說律師。

這個人的個性如何？為什麼能寫出這本書？要用前言、腰帶、作者簡介不斷強調出來。比方說「遺產稅、贈與稅」，作者之前處理過多少相關案例。把作者介紹到吸引讀者興趣，也是編輯的重要工作。

5 何謂編輯需要的「文章力」？

◈ 看懂作者想表達的內容

編輯必須要「改寫（rewrite）」作者的文章，這個改寫力（文筆）是商業書編輯的必要條件。這裡的文筆，跟「文藝書編輯」要求的文筆不太一樣，我們已經在第一章第38頁提過這點。

改寫的時候有個陷阱，就是編輯看不懂作者想表達的意思，用自己想的大綱來改寫，這樣就無法展現「作者的個性」。如果作者本來的文章就沒特色、沒幹勁，那也難免，但大多數作者就算不是文章大師，也會努力寫文章。

編輯的工作就是看懂他們要表達的內容。

文筆好的編輯，可能會把作者「難以理解的原稿」改得面目全非，如果作者答應倒也還好，但心裡總是不太舒坦。

面目全非的改寫，前提是確實掌握作者想表達的意見，並獲得作者的授權。還有一點，第一章也提過，就是盡量表現出作者自己的文筆。

基本上還是要雙方同意兩件事：「盡量表達作者的意見」、「確定是否對讀者有益」——「讀者」當然是第一優先，但只對作者說「老師，這樣賣不出去。」作者也不會服氣。要是編輯搬出過去同類書的銷售資料，作者會更生氣。編輯必須解釋這份原稿為何跳脫讀者高度、哪裡跳脫，要怎麼改才能讓讀者接受等等。

作者想說什麼、編輯想做怎樣的書，當這兩點幾乎重疊，才能做出「有用」的書吧。如果改寫得好，作者就會對編輯產生信任，就算原稿被改得面目全非，只要跟作者的想法相同，之後做書也會更順利。

◈ 用「總之」來收尾

我在改寫或自行撰寫的時候，總要默念幾句話。

困難的要寫到簡單
簡單的要寫到深奧
深奧的要寫到好看

聽說這是作家井上廈的話，看得我醍醐灌頂，這幾句話真是完全符合商務書、實用書的境界，而且其實後面還有兩句。

好看的要寫到正經
正經的要寫到愉快

井上先生將文化人專屬的戲劇推廣給大眾，難怪會說出這樣的話。

把困難的寫到簡單，這還比較容易，但還要寫到好看（至少看不膩），文章就要有高潮起伏，要加上引人入勝的例子，還不能多到讓人膩。

簡單的寫到深奧，深奧的寫到好看——意思就是商業書讀者也追求相當的文章品質喔。如果只是好看，讀者會覺得花錢買這本書有點浪費。既然要出版，就得讓讀者認為「啊！真有用！」

但是又不能太專業，這中間的平衡就很重要了。

假設要寫一本《趣味理解電腦架構的書》（或者編輯改寫），一定會提到硬碟、記憶體、資料夾這些東西。

「舉例來說記憶體就是這樣，硬碟就是這樣，然後這樣那樣……」

就算你死命解釋個好幾行，看不懂的人依舊看不懂，結果變成下面這樣收尾。

「上面講得很深奧，總之記憶體就像○○，硬碟就像△△，資料夾就像文具店賣的資料夾，裡面放的文件就是檔案。」

就專業層面來說，這樣的收尾「嚴格看來有點不太對」，但我們要做的是商業書而非專業書，與其艱澀而精準，不如寫得有點粗略，但大致捕捉到所有基礎——我認為這樣才算「有用」。

另外如果像這樣寫，讀者會感到疑問與壓力，不想繼續看下去。就算書本的內容很艱深，只要收尾說「簡單說來，總之就是這樣那樣」讀者就會覺得「我不是很懂，總之是這樣那樣就對了，原來如此」。

只要讀者接受，就會繼續看下去。

◈ 帶點正面的「草率」

我這樣的收尾方式可以說有點粗魯，或許不合邏輯。

但是別忘了，讀者追求的是「好懂」。

所以我認為正經八百的人不適合當編輯，這種人沒辦法簡略說明一件事，也沒辦法用草率的說法來吸引讀者。

這種人沒有「活力」與「童心」。

修改原稿也可以說是「整理」，但是中規中矩的起承轉合，不能說是最好的整理。「粗略總結」看起來跟「整理」剛好相反，但我認為這也是「整理的本事」。

有條不紊、按部就班地解釋確實重要，但也可以來點正面的粗魯作風，甩脫順序先說重點。

然而「粗略整理」並不等於胡亂整理，乍看之下草率又隨便，但仔細讀了就發現內容很確實，這樣的教學書才能引起讀者共鳴。

本書每頁版面是十六行，每行三十八字。最近很多書採用十五行，三十五字，這樣看起來是比較寬鬆，但內容可不能空洞。版面清爽跟內容薄弱，會是一體兩面。

◈ 能不能讀得順暢？

用好懂的節奏來寫文章也很重要。

比方說要寫一本《了解經濟的書》，第一個項目的標題是「經濟到底是什麼」——這樣最清爽。

這一節可不能寫說金錢推動經濟，所以金錢就像人類的血液，然後嘰哩呱啦一大串。其實要這樣寫也可以，但請盡量寫成以下這樣：

「總之世界上所有金錢流動都是經濟，所有金錢交易都是經濟活動。買書、吃飯甚至買股票，都是經濟活動的一部分。」

這樣收尾之後就進入下一節。

「哪有這麼亂來的！」千萬不要這麼想，擅長說話的人通常都擅長「抓重點」，寫文章也是一樣。

專業書很少看到「總之」這種說法，這就是專業書與好懂的教學書之間的一大差別。我編輯的書常常出現「總之」「簡單來說」，所以有人對我說過「片山做的書，一眼就能認出來」。

這其中微妙的「品味」老實說我沒辦法解釋清楚，也不是每件事情都能用「總之」來收尾，最後還是要看能不能符合讀者的高度吧……

還有，這項工作需要強大的注意力與耐力，有時候我會放棄累人的「粗略收尾」，只是把作者原稿的「國語文法」改得比較好懂，可是這樣讀者會看不懂，看了會有壓力。就這個層面來說，編輯也少不了「體力和精力」。

進入下個項目的時候，還要下點工夫。

前面說明了△△△，總之這就是□□□。

那麼○○○又是如何呢？

這可以說是標準老套，但這種節奏很舒服，請學起來。當然，舒服也不代表可以濫用一通。

另外文章的節奏也很重要。

「到這裡為止，讀者應該明白了吧。」

「如何？很簡單吧。」

有些編輯會用這種句子，試圖讓文章變得更好懂，這個態度是不錯，但文章本身依然很難懂，你問我「應該明白了吧？」我只能回答「根本不明白」，你說「是不是很簡單？」我只想頂嘴說「一點都不簡單」。首先要把文章本身變得淺顯易懂——達成這個條件，才能做出鮮活律動的文章。

6 如何把文章寫得好懂

◈「好文章」的定義會與時俱進

文章是生物，如果一本書的目標讀者是新手商務人士，就不適合太正經八百的文章；話雖如此，輕佻的文章又會讓人覺得內容很膚淺。

就文字來說，很多書就像部落格一樣不斷換行，甚至有人會加入（笑）。我個人覺得做到這種程度不太妥當，但如果讀者追求這種「空洞書」，那也不能完全否定。

只是做成這種書，內容一定會很單薄。編輯必須要替讀者著想，卻又要有栽培讀者的使命，如果老是做些輕薄的書，做久了總會賣不出去，等於是編輯自己砸自己的腳。

而且時代改變，文筆也會改變。我相信編輯必須是讀書家，不只要讀商業書，還要讀各種文章，親身感受「現在是什麼文章才會獲得讀者接受」。

曾經有個知名的寫手寫了一篇「老氣」的文章，讓年輕編輯很頭痛。「是故」「之乎」「不若」「來也」……寫手用了很多過時的說法，讓文章突然缺乏動力，對年輕讀者來說更是渾身不對勁。

某位編輯在改寫作者文章的時候，會用「對話形式」文體來寫。當時改寫的文章主題，是給年輕人看的溝通術，改寫成對話體應該是相當符合需求。但是編輯改寫的內容，卻像是老夫妻在交談。

「哎喲，怎麼著？這玩意兒有多厲害，會讓用的人都嚇著嗎？」

「就是呀，像我便嚇著了呢。」

改寫成這樣的文章，結果那本書就賣不好了。

編輯的保存期限其實很短。

所以要多吸收年輕人的文章，寫得讓讀者接受，而且有編輯個人的特色。我說的「年輕人」其實只要不到四十歲就可以了，現代人六十歲依舊生龍活虎，應該也熟網路用詞，只要文章與對話有點老氣，讀者馬上就會發現。

現在的六十歲可不是十年前的六十歲，如今市面上有很多出給銀髮族看的書，但其中會暢銷的，文章全部都是寫給年輕人看的風格。

◎換行的重點是？

我想多探討一下好懂的文章。

首先，句子不可以太長，當然也不能太短，更不能像外文翻譯一樣，搞不懂哪個字是掛在哪個字後面。

比方說下面這篇文章，就不適合用來寫教學書。

經過一番波折，內閣議會決定了集體自衛權，自民黨、公明黨進行檯面下交易，歸納出來的結果與自民黨的想法幾乎相同，往後將留下模糊的課題，實際上若真的發生問題該涉入到什麼程度，依舊不明。

・內容不清不楚

這種很長一段的文章要狠下心來切割，加上「然後」「不過」「另外」等連接詞，讀者比較沒有壓力。

像上面的文章，就可以改成下面這樣。

內閣會議討論集體自衛權，自民黨、公明黨進行檯面下交易，但歸納出來的結果與自民黨的想法幾乎相同。這個結果，代表往後還是留下模糊的課題。真正發生問題的時候究竟該涉入到什麼程度，還是不清不楚。

以文章的水準來說，或許是前者較高，但如果只看「好不好懂」，會是後者較好。另外，每一段落以三句以內為準，當然最近有人每句都換行，就像某谷作者的書，但是除了少數類型書之外，最好別這麼寫。

我要換行的時候，會盡量讓行尾留五字以上的空格。一行四十字，在三十九字的位置換行，感覺還是擠得太滿。如果真的無法避免在行尾換行，我就會直接空一行。不只如此，我也會不時使用空行，所以一頁十七行，我大概都只用十五行。

如果是小說，可能連續好幾頁都不換行，但如果要寫「好懂的實用書」，不能忽略版面上的「寬鬆感」。讀者在書店隨手翻閱的時候，很重視這種寬鬆感。

這件事情已經不算是文章寫法，而是「編輯設計」的範圍，但還是一起記住會比較好。另外，在行頭一兩個字就換行也不是很美觀，希望能用點心，最少要多幾個字再換行。

然後一個段落裡面不要放太多句子，聽說最好的節奏是三句，但也不能每一段都寫三句。重點不是句子的數量，而是節奏，可以是兩句或四句，但是請盡量避免一段有五行以上。

然而這種「微控」的心思，重要程度只排第二或第三，最重要的還是「靈感」「企畫力」，以編輯設計來說還要考慮標題設計。如果要選個地方用心，希望用心設計標題的字體大小與字型。

◈ 精準無比的文章，就像法律條文

另外也要把文章寫得平易近人。

假設有下面這樣一段文章。

生意好的店家，其門面或廣告都有明確的個性存在。

我是希望能夠拆解到下面這個程度。

生意好的店家，他們的門面跟廣告，都讓人感覺到明確的個性。也就是有一種主張說，我們是這樣的店家喔！

這麼一來，原稿就會更貼近讀者。如果為了講解得正確，而使用很艱澀的詞彙，就會變成「懂意思但很不想看的書」。

以前面的例子來說，「讓人感覺到明確的個性」到這裡誰都寫得出來，但重點在後面。「個性」是個模糊的概念，如果不解釋清楚，讀者就會產生壓力。

必須在不囉嗦的前提下，把「意義」解釋清楚。

這個詞要解釋，那個詞要跳過……老實說就連我也不懂怎麼拿捏這個火候。火候精準的書會獲得讀者支持，火候不準的書放在書店裡根本賣不出去。

有些商業書的作者會想：「如果我寫得太省略、太簡單，不就會被『同行』嘲笑了嗎？」所以把文章寫得像法律條文一樣精準，寫得正確無比。他們在乎的不是讀者，而是同行的會計或顧問。

這時候編輯務必要對作者說：「老師，這樣讀者看不懂的。」我想有部分作者會說：「說得不正確可不好。」這個說法確實沒錯，但是這時候可不能被作者給耍了。

商業書編輯的工作，也包括將作者的專業知識表現得平易近人，為此必須與作者對峙。對峙的時候，編輯當然也需要相當的「知識」。

如果沒有知識，對作者的指責就會搞錯重點。

「好懂的文章寫法」已經出過好多本書，還有報社出過寫文章的說明書，但是千萬不能學這些書去寫，尤其教學書，就某方面來說最好不要用「定型化的文章」。

如果要我來說，商業書的文章應該就是「想看下一行的文章」「沒有太多艱澀詞彙的文章」「句子不會太長的文章」這樣吧。

7「好懂」的條件是什麼？

◈沒必要「從頭到尾都好懂」？

我想換個方向。

「無論什麼狀況都追求徹底好懂」是沒必要的。

這當然還是要看情況，通常從頭到尾都好懂是比較好，而這也只能用「火候」來形容了。

「你一直講什麼『火候』，不太具體吧。」

可能有人會這樣罵我，但是能夠清楚解釋的編輯技巧真的不多。

我說要做一本好懂的書，但如果完全排除專業部分，最後還是看不懂。重點是讓讀者覺得「原來如此，總之是這樣就對了。」在這個前提下，小細節才不用管。

所以我會不斷反覆說明重要的部分，至於不重要的部分，我會乾脆讓它保持艱澀。而這樣的部分，我會加上一段：「這裡是專業領域，不需要硬記起來。」

如果有部分真的只能寫得很艱澀，那我乾脆就不解釋這項目，因為這種艱澀的項目，通常有點跳脫入門書的本質。

假設一開始就沒有解釋，讀者會認為「這就沒辦法解釋」，但要是解釋個皮毛，讀者就會擔心說：「咦？還有其他要知道的？」然後就更想知道。可是看到最後發現只介紹個皮毛，反而更糊塗、增加讀者的壓力……如此陷入惡性循環。

關鍵就是入門書要盡量刪減條目、刪減資訊量。當然，如果連重點都刪掉就沒意義了，只是不怎麼重要的點就乾脆別去解釋才好。

或者有一本《了解成本的書》，在序章或終章加上「檢查讀者成本觀的○○檢查表」其實在實務上沒什麼用處，說難聽點是騙小孩的把戲，但是這種「花招」在讓讀者觀察全書輪廓的時候，也沒什麼壞處。

◈最後加點比較厚重的內容與「後記」

不需要整本書都平易近人，內容如此，架構也是如此。比方說兩百四十頁的書，從兩百三十頁起算的最後十頁，可以故意加入比較艱深的項目——這也是一招。

這麼一來，讀者在書店瀏覽的時候就看不懂結尾，可是序章或第一章的概論又超好懂，所以決定買回家好好研究——就是這樣。

這個「節奏」是很重要的。

基本上教學書的讀者會買書都是為了「想學這件事」、「想獲得知識」，而不像是買文藝書，為了追求一段舒服的閱讀時光。

所以商業書需要「好懂」，還要有一定程度的「嚼勁」。

我說的嚼勁並不適用於所有實用書，比方說加個「索引」吧，要小心索引如果太艱深會變得像專業書，但只要在書本最後加上主要用詞索引，搭配簡單的名詞解說，讀者就會覺得「小賺到」。

也就是除了單純的名詞索引之外，還簡短解釋內文沒能解釋到的名詞。另外，還可以加上「縮寫」的由來。

做索引非常費工，編輯都很不喜歡，但是最近的文書軟體通常都有「製作索引」的功能，不用就虧大了。

我最近還開始加上簡短的「後記」，如果內文很講邏輯，後記可以稍微感性一點，像是也可以寫作者的回憶。文庫書通常都有「後記」，這點小工夫通常會決定讀者買不買。

但是可不要在「後記」裡面破哏，要與「前言」做出區別，加入一些吸引讀者繼續看的元素。

8 標語力變得不可或缺

◈ 編輯也是標語寫手

前面說過編輯必要的條件包括了「企畫力」「文章力」，接下來我想討論撰寫「書名標語」等標語的能力。

首先請把書本當成一項商品包裝，外觀也是很重要的。

書店裡有堆積如山的書本，想讓讀者挑選出眼睛一亮的書，需要突出的書名，優秀的編輯設計，封面設計也很重要。

再來就是隨手翻閱的時候，標題夠不夠震撼……

廣告有分會紅跟不會紅的廣告詞，書本也有分「會賣跟不會賣的書名」，這沒有個定律，總之一定要讓讀者覺得「就是這樣啦！」「原來如此喔！」

比方說商業書類型剛問世的時候，書名大多是這樣：

《了解〇〇的書》

先前都是《會計學序論》這種書名，後來改成普通商務人士也能看懂的經營管理書或簿記書，當時《看懂〇〇的入門書》就已經很吸睛了。明明就是本「書」，書名又叫做《……的書》，在當時算是相當創新。

那是一九七〇年代的事情。

沒過多久，中經出版帶頭推出「輕輕鬆鬆」「簡簡單單」「順順利利」這種形容詞式的書名。坪內壽夫挺身重建佐世保重工的時候，還出現一本書名很刺激的書叫做《「重建」魔王來到佐世保重工業啦！》總之接下來就是改走八卦報刊路線。

但是這種太嗆的書名，讀者最後也看膩了，而且用這種書名，封面設計也通常會用咄咄逼人的暖色系。社會上有個理論叫做「有麻煩就用金紅」，「金紅」就是黃色與紅色一比一混合，形成一種亮眼的紅色。金紅理論就是如果你不知道要選什麼顏色，用金紅色大概都不會出錯。

金紅色會給讀者強烈印象，但用太多又有反效果。目前比較聰明的作法，是鎖定廣告詞來用金紅色。

其實從西元兩千年左右開始，就出現愈來愈多非常簡單的書名，這是明顯的反作用力。另一方面，則改在腰帶上塞爆大量資訊。

《務必要懂的「行銷」基礎與常識》（Forest 出版，二〇〇三年）的封面就很清爽，書名字體也是淺藍色，但是腰帶印著比書名還搶眼的廣告詞說：「就算新手看這本書也沒問題！看了就懂暢銷的原理！」

我想就是在這段期間，愈來愈多「書名簡單，腰帶擠爆資訊」的書，甚至有段時間，書店擺滿了「為何〇〇會△△？」這樣的書名。《為何竹竿行不會倒？從周遭疑問來理解會計學》（光文社新書，二〇〇五年）、《為何老闆都開四門賓士車？》（Forest 出版，二〇〇六年），這些書光看書名真是一頭霧水，就要靠副書名和腰帶來補充。

◈ 要怎麼掌握讀者心理？

目前的書名則是充滿「三分鐘」「九成」「十五分鐘」之類的標語，甚至還有「一分鐘」的。其實不可能光用三分鐘就搞懂一件事，如果沒掌握重點也不可能懂到九成，但是看到書本說「掌握這個重點，對話九成都會順利！」腦波一弱就買了下來，這就是讀者心理。

《表達方式占九成》（鑽石社，二〇一三年）是賣破五十萬本的暢銷大作。如果你現在上網搜尋「九成」，會跑出一百本左右的書，像是《短短五分鐘消除九成腰痛》（講談社，二〇一四年）。我想這個潮流，是《有話請在三分鐘內說完》（かんき出版，二〇〇三年）、《任何人都能連續對話十五分鐘！說話的六十六條規矩》（すばる舍，二〇〇九年）這時候開始的。

就這點來看，編輯確實要「死命」地去想「書名」。我不能說怎樣的書名才會大賣，編輯應該要每天跑書店，培養標語寫作能力才對。

二〇〇九年鑽石社出版的《如果，高校棒球女子經理讀了彼得．杜拉克》，成為賣破百萬本以上的超級暢銷書，我認為這本書的創舉不是書名，而是企畫的創新。能夠賣五十萬本就算是「社會現象」，很快就會成為百萬暢銷書。之後，結合漫畫與商業書的書本就像雨後春筍般冒了出來——

超過百萬本的暢銷書，會引發一種趨勢，這也是翻轉過去暢銷書形態的「大案件」。對作者和出版社來說，則是帶來數千萬，甚至數億日圓的經濟效應。

但是不能因為賣了一百萬本就開心，總有一天會賣不動，書店裡的「公司外庫存」會退回來。賣一百萬本，只代表印了一百萬本，實際賣到讀者手上的數字其實少很多。

◈ 讀者也有很多種？

我想再探討一下「吸引讀者的標語」，讀者第一個看上的，就是迷人又震撼的書名。

當然，讀者是有分很多種的。

媒體圈有很多徒具虛名的自我規範，正如日本有句俗話說「盲者千人，明者千人」，意思就是天底下有明白人，也有糊塗人。

說了不怕大家誤會，入門書就某方面來說就是寫給「不懂的人」「不懂但想學的人」看，而不是寫給專家看。

請務必要先理解這點。

然後從這點，來探討怎樣的標語會刺激讀者的購買慾望。

舉個例子，八卦報的標題比普通報的標題更適合。

這麼看來，就不能選擇平淡的書名。要是一個編輯怎麼想都只能想到無聊字句，代表這編輯不夠用功，沒有品味，或者企畫本身就很無聊。

編輯的好壞，大多取決於標題與書名的取名品味，而且「下魚鉤的好位置」也是隨時都在改變。

現在應該沒有編輯會選擇「輕輕鬆鬆」「簡簡單單」這樣的書名或標題了，因為它們都是「過去式」；然而過了許多年，或許這種標題的書又會大賣起來。

這就是風水輪流轉。

其實我曾經編輯過一本《筆記技法——手比腦袋更快動作》（すばる舍），這本《筆記技法》賣了超過兩萬本，還出了韓國版。作者坂戶先生聽說要出韓國版，就自費做了一份傳單。

我嚇得起雞皮疙瘩。「亞洲戰略第一號啊……」很遺憾沒有實際樣品，但應該是下頁這樣：

商業實用書的
暢銷特例！
超過兩萬本！
日本首次進軍亞洲！
韓國版「筆記技法」
亞洲戰略第一號！

但是冷靜想想，這一點也沒錯，這個範本要說是誇張或普通都說得過去。

讀者就是會被這種說法吸引，編輯不能忘記這點。

另一方面，也有讀者想知道實際狀況究竟如何，所以不能看扁讀者。

真的是「盲者千人，明者千人」雙方都是讀者。

我當了快四十年的編輯，經歷過膚淺讀者搶買商業書的時代，看著大罵出版社自砸招牌的硬派讀者凋零，這兩種局面我都懂。往後應該每隔幾年，就會換另外一群人當道吧。目前，正是一群人要凋零的時候。

膚淺讀者凋零的原因有兩個。

第一，原本沒有讀書習慣的人開始結成團體，第二，書賣得太好造成編輯變得隨便。至於第二個原因，往後是不會再重現的。

我要補充一段，韓國版的《筆記技法》好像在韓國成為綜合成績前十名的暢銷書，真的算是「亞洲戰略」了。

9 編輯設計的必要性

◈ 封面與內文都要追求時髦的設計

既然商業書不是藝術品而是商品，那麼最先映入眼簾的封面就不能輕忽。最近愈來愈多讀者買書只看「皮」，也就是封面好看就會買，從這點來看，我覺得書本設計師、裝訂師的報酬不應該設定「買斷」，而是該支付不多也沒關係的版稅才對。比方說賣超過十萬本，就有多少報酬這樣。

言歸正傳──

封面設計是由裝幀設計師來做，但編輯的工作是要告訴專家想做怎樣的封面，如果表達方式不好，設計的成品也就不好。編輯是最懂書本內容的人，就算編輯沒有書本設計師的專業技術，也應該要有設計品味。

就這點來看，編輯應該絞盡腦汁思考封面設計，就像寫前言那麼用心，最好是跟整理內文原稿一樣用心。

話說回來，有些編輯還真的做出連設計師都自嘆弗如的草圖，這樣會降低書本設計師的動力。如果不知道專家有專家的尊嚴，編輯可是會吃閉門羹的。

編輯需要這種全方位的「編輯設計」。

◈ 設計好的書就好賣，但設計並非一切

編輯設計的定義，或者說編輯該知道的範圍，其實很模糊。

我年輕的時候，表示字體大小的單位叫做「點」，後來進步到照相排版技術，編輯要學的就是「級數」。可是現在的年輕編輯，已經沒幾個人知道級數，我剛開始還以為「最近的編輯連基礎都不懂」，結果發現是進入桌面出版時代，不知道級數也能解決問題了。

編輯只要把心目中的好書交給桌面出版作業員，請作業員做成那個樣式，也比自己隨便指定有更好的成果。如果編輯太專注在小細節上面，就會只在乎書本的「外觀」了。

當然，讀者看到一本書覺得「這排版好棒」是件好事，比方說章節的第一頁要擺一行標語，很多人會沒頭沒腦地「置中」，但是考慮到裝訂程序還會吃掉一點空間，應該要調整個三公厘，裁切裝訂之後才會置中。

這種小細節在製作詩集或俳句集的時候，對成品影響特別大。

「這書名跟企畫真棒」「這標題一看就懂意思」希望編輯注重細節的程度讓讀者也有這樣的感慨，畢竟這些堅持是不花錢的。

就算進入桌面出版時代，還是希望編輯了解一些基礎，例如級數，因為這是設計師與作業員之間的「共通語言」。

你可以這麼說：

「這裡稍微加大一點，字體細一點。」

但也可以這麼說：

「現在應該是十六級，麻煩加大到二十級。然後目前用的是新細明體，麻煩加粗成正黑體。」

這樣要求起來，雙方都比較沒壓力。另外在眾多字型之中，挑選自己喜歡的字型，或者挑選最適合某本書的字型，可以打穩編輯的「基本功」。而且了解書本印刷的四原色是C＝青色、M＝洋紅、Y＝黃色、K＝黑色，也不吃虧吧。

這些當然不是做書的必備知識，但是就像練功夫要蹲馬步，可以強化你的「編輯力」基礎。

◈目前是怎樣的設計、書名、封面最受歡迎？

要取書名，並沒有一個「絕對中大獎！」的定律。許多編輯絞盡腦汁，思考能吸引讀者興趣的書名，而正如之前所說，好的書名會與時俱進。

讀者想要什麼？現在是怎樣的設計受歡迎？如果編輯認為文字就足以表達一切，便不會思考這些了。

當然，很少有書光靠設計就大賣，但另一方面，卻有很多書因為封面設計失敗而賣不動。證據就是有些書剛出版賣不好，但是改變封面設計之後推出「新裝訂版本」就大賣了。

內文設計也一樣，枯燥乏味的內頁設計，會降低買氣。

「這設計好時髦喔。」

讓讀者這麼想並不困難，只要參考你覺得很棒的書本設計就行，甚至在緊要關頭還可以請設計師做個格式。不過自己要做的書，基本上內文編排還是要自己想。印刷的字型跟標題編排，基本上也是要自己想。自己編輯的書，最終形象（終點）還是自己揣摩比較好。

話說最近書裡的關鍵字、關鍵句，幾乎都會被改成粗體，但是一般的小標題也是粗體，所以最好盡量避免在小標題旁邊放粗體的關鍵字。

◈ 用「包裝」來思考書本設計

另外對教學書來說，「書背」設計也很重要。教學書在通路上存活的時間不會很長，除了非常暢銷的教學書之外，只要新書期間過去，櫃位上就只剩一兩本了。（缺乏業務能量的出版社，或是只主打新書、小看櫃位翻轉率的出版社，所有沒賣完的新書都會退貨，一本都不剩……）

要怎麼在那個小空間裡吸引讀者目光呢——請思考這件事。

說的極端一些，我認為只要狀況允許，封面跟書背用不同字型都沒有關係。就設計概念來說，封面、書背、封底、折口都要統一比較好。但是讀者在買書的時候，會同時看封面、書背跟封底嗎？

我覺得這部分思維可以更有彈性。

連帶提到，教學書在做設計的時候最好考慮系列叢書觀點。比方說「財務報表書」「經營管理書」「經營分析書」「簿記書」……這些書大多放在相同的櫃位上，如果整個系列看來各不相同，這家出版社就欠缺一致性。

封面不需要完全相同，封面的優先考量是在通路上的訴求力，但是最好有種「大致的相似」，讓讀者感覺「好像有點類似」、「好像是同類型的書」。

不必做到像漫畫一樣整個系列都長得差不多，但是自家出版社的經營管理、財務報表書，設計的感覺都差不多——我想這種大致的一致性是不錯的。

這時候除了封面，還要同時考慮書背、封底跟折口，也就是全部當成一個「包裝設計」來看。

讀者在看封面的時候，還有什麼一定會看？那就是有印價格跟條碼的封底。如果封底沒放點東西，那就太浪費了，可以放個不輸副書名的搶眼標語。

我有個編輯好友，就是他想到這一招，他才四十來歲，當初想到這招跟我說的時候，可能才二字頭。

他的標語品味比我強好多倍，會在封面腰帶塞滿標語。

「詳情請看封底」

這招也是他發明的。他真是個創意天才，現在每家出版社都在用這些招式，就我所知，出版業第一個用的只有他。

現在那些理所當然的「規矩」，當初應該也都是某個編輯想出來的，我們編輯千萬不能忘記這點。以此為前提，我們要繼續拿出好點子來。

◈ 作者簡介要寫些什麼？

再來說個小細節，有些編輯會把內文目錄放在封底腰帶上，如果這本書的目錄很迷人也就算了，但每個讀者在書店拿起書，一定都會翻閱目錄，所以封底腰帶放目錄就是「畫蛇添足」。

封底腰帶希望能放些迷人的金句。

還有更細的細節，最近封底折口常常會放「作者簡歷」，但是作者簡歷通常都會放在版權頁，也沒必要重複了。我在編輯《想懂的人一看就懂　股票基礎入門書》（すばる舍，二〇〇二年）的時候，只在封底折口中間印了粗大的一行字。

你還在猶豫嗎？

岔個題，我並不會寫「作者簡歷」而是寫「作者簡介」，簡歷有很多東西不能寫，但是「介紹」代表由出版社來介紹作者，除了寫單純的經歷之外，還可以寫些「這位作者有這樣優秀的本領，受到商務人士極高評價，有許多信徒」這樣的字句。

10 商業書中的「圖解書」作法

◈ 真的有圖就「好懂」了嗎？

人家說商業書（實務書、實用書）如果沒有圖就賣不出去，但真是如此嗎？如果書裡都是看不懂的圖，太專業的圖，文字密密麻麻的圖……讀者還不如專心看內文來得好。

我對圖解算是挺囉嗦的。我這個人絕對不是畫圖高手，但是一直只追求好懂的商業書，所以編輯的時候對圖解的講究多於內文。

商業書裡面有很多圖，以兩百二十頁的書來說，可能多達一百張圖——代表每兩頁就有一張圖。這種書當然要主打「圖解」，就算沒有主打「圖解」的書，目前也是每四頁或每六頁就有一張圖。

這裡有個陷阱，少部分編輯的思維是加入圖解→方便閱讀→好懂，所以結論是「只要有圖就好」，卻沒有想過「要怎麼製作更好懂的圖」。

或者反過來想在圖裡面塞太多資訊，比方說寫了一堆字詞，然後用箭頭跟線段連來連去，或者用些特殊字型，變成「莫名其妙的表格」一般的圖（參照192頁圖）。

然而這種圖已經不是圖解，而是無用資訊過多的「表」，一眼看去根本看不懂。「圖解」跟「圖表」，還是有些許差異的。

要是內文還算好懂，那還有救，但如果內文有點難度，又沒有圖可以補充解釋，這下就更看不懂了。或者把內文沒提到的地方做成表格，只會更加看不懂。

更別說法律、稅金、年金這類的書本會提到法律條文，內文本來就很艱澀，至少要做些好懂的圖才行。有「以圖為解」這個意願的圖，只要看一眼（約五秒鐘）就該了解個大概。也就是說，製圖必須要用心做得「粗略」。

◈ 圖的「資訊量」不能太多

製圖大概有以下三個重點：

（1）資訊量不能多
（2）不要用複雜的箭頭與線段連結字句
（3）盡量在圖表最後加上「總結」或「重點」

可能還有其他重點，但是會因為不同讀者而改變，我也不能說一定就是什麼。比方說稅務書，就少不了繁瑣的「稅率表」。

但是話說回來，圖解書的圖基本上必須是「理解架構」的圖。把繁瑣的內容整理成「這時候要這樣」的架構圖，也適用以上三個重點。

對（1）來說，要考慮空間。

一般三十二開本的書，每頁的印刷空間最多只有「一百四十五公厘／九十五公厘」，變形三十二開就更小。如果在這個版面裡面放四五則資訊，讀者就搞不清楚哪則才重要，字體也會變得太小而看不清楚。

假設要做一本《打造暢銷店家》的書，裡面有個項目叫做「怎樣的店家會吸引客人進門？」文章當然要講述待客的重點與心態。如果文章有十五條重點與心態，又要以最單調的方式將十五條資訊塞進長寬一百四十五公厘／九十五公厘的空間裡，那做出來的就不是圖而是「表」。做成表也沒什麼不好，但如果真的要放這種「列表圖」，請考慮字型的大小節奏。

也就是把單純的「表」做成「畫」，而且編排時強調「裡面這個最重要！」190頁與191頁，分別舉出正面與負面的例子，請讀者參考。

然而要是整本書幾十張圖的資訊量都很少，就看不懂整體內容。可以連放個幾張資訊量較少的圖，然後夾一張擠滿文字的圖，做出節奏的同時保留喘息空間。畢竟像是稅率表，怎麼做都不會做成「圖」。

這種表可以用比較多文字，以內容為主要訴求，其他頁面的圖就放進比較鬆散的圖，那麼整本書看起來會比較有律動，比較充實。

◈ 像電路圖一樣的圖表沒人懂

（2）「不要用複雜的箭頭與線段連結字句」，這可以用後面第192頁舉例。

圖 10 打造方便客人進門的店家，有何重點？

· 店內格局要有開放感
· 安排對坐區，讓客人不會當面看見其他進門的客人
· 燈光比周遭其他店家明亮
· 門口位置往店裡面退一些，方便客人進門
· 廣告招牌要保持明亮
· 門面有迷人的廣告招牌，就能吸引更多人進門
· 開在車流量大的地段，招牌要一眼就看懂是做哪一行
· 旺季要保持店門打開
· 用門口花車吸引客人進門消費
· 在店門口貼些「歡迎入內」的小海報
· 要是門口擺太多花車，反而會擋住客人
· 門口要隨時保持整潔，方便客人進門
· 門口不能放商品之外的東西，如空箱
· 門口擺亮點商品，讓顧客欲罷不能
· 門口位置要選得好

打造方便客人進門的店家，有何重點？

- 店內格局要有開放感
- 安排對坐區，讓客人不會當面看見其他進門的客人
- 燈光比周遭其他店家明亮
- 門口位置往店裡面退一些，方便客人進門

往店裡面退，就是裝潢時離開店門口或街道的意思

- 廣告招牌要保持明亮
- 門面有迷人的廣告招牌，就能吸引更多人進門
- 開在車流量大的地段，招牌要一眼就看懂是做哪一行
- 旺季要保持店門打開
- 用門口花車吸引客人進門消費
- 在店門口貼些「歡迎入內」的小海報
- 要是門口擺太多花車，反而會擋住客人
- 門口要隨時保持整潔，方便客人進門
- 門口不能放商品之外的東西，如空箱
- 門口擺亮點商品，讓顧客欲罷不能
- 門口位置要選得好

（門口基本上開在人潮多的地方！比方說面對車站）

重點

重點是門口要保持整潔！
門口亂堆東西，客人就不好進來了

■講座、會議的筆記寫法

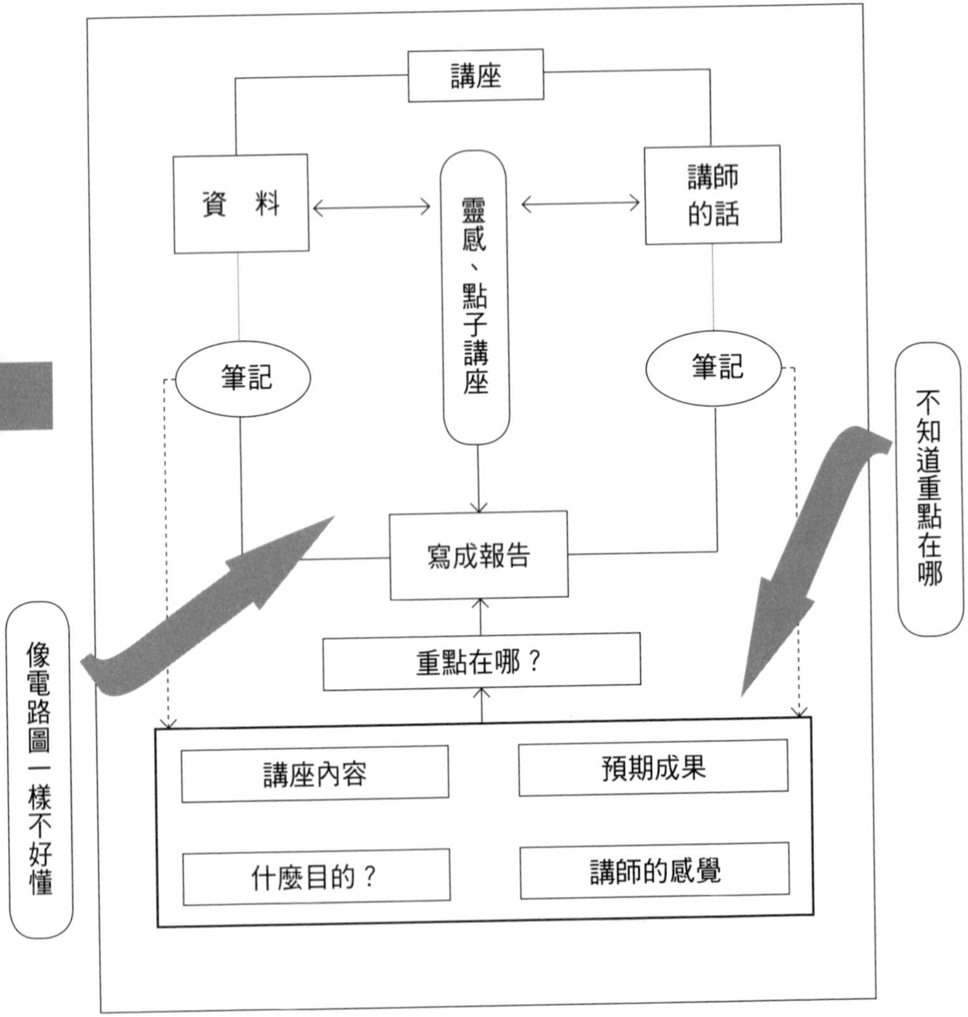
講座
資　料
靈感、點子講座
講師的話
筆記
筆記
寫成報告
重點在哪？
講座內容
預期成果
什麼目的？
講師的感覺
不知道重點在哪
像電路圖一樣不好懂

講座、會議的筆記寫法

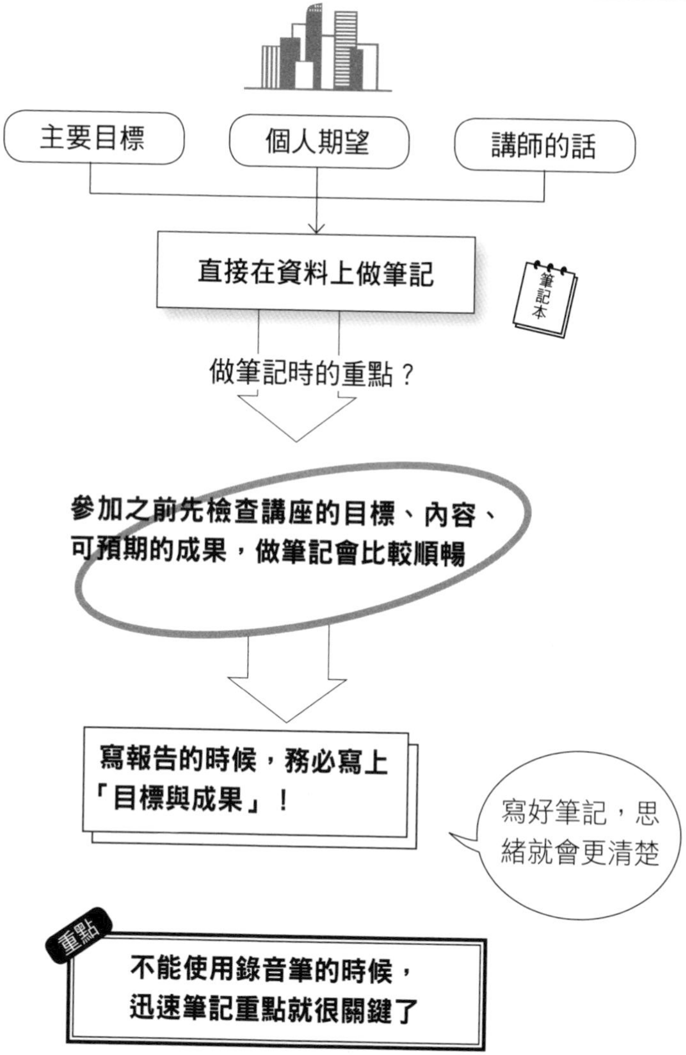
主要目標
個人期望
講師的話
直接在資料上做筆記
筆記本
做筆記時的重點？
參加之前先檢查講座的目標、內容、可預期的成果，做筆記會比較順暢
寫報告的時候，務必寫上「目標與成果」！
寫好筆記，思緒就會更清楚
重點
不能使用錄音筆的時候，迅速筆記重點就很關鍵了

假設要做一張圖是「講座、會議的筆記寫法」，這張圖想說的是「寫筆記要表明目標與成果」，所以關鍵在於「先推測會議的目標與成果，做好大綱」。

希望做出這樣的一張圖。

有些人做圖會把「目標」「成果」「筆記」……這些詞跟「講座報告書」用各種線段連接起來，簡直就像「電路圖」。

這種圖要花很多時間去「解讀」，我不是說永遠都別用箭頭與線段，但是「電路圖」應該盡量簡潔。

而且線路圖通常是空蕩蕩的，可以放個好看的插畫角色在裡面，畢竟空白部分的用法也是製圖重點。（192、193頁）

又假設有一本介紹「打造店家」的書，有一項要解釋「店家個性」這種東西。如果在圖裡面胡亂擺上「個性」「店家功能」「店家價值」這些詞句，還是會像電路圖一樣看不懂。

有在製圖的編輯應該知道，有時候與其做出複雜的電路圖，不如畫個角色開口說：「原來如此，個性就是自己獨有的特色啊。」還更好懂。

何謂店家個性？

要搞清楚這家店的個性
（Identity）

沒有個性
的店家
就沒有魅力

- **獨特功能**
- **絕無僅有的口味或專長**
- **讓人想再次光臨的「某些元素」**

||

個性

11 圖解與標題的關係？

◈ 圖表不是電視新聞的背景

接著討論上一節（188頁）第三個重點：「盡量在圖表最後加上『總結』或『重點』」。有些編輯會把實用書的圖表，跟新聞的背景圖亦即主播講解時出現的模型與圖表搞混。請讀者想一想，新聞主播會指著圖表講解，但是沒有人幫讀者指著書講解。

「不是有內文嗎？內文就跟主播講解一樣啦。」

或許有人這麼說，但如果看圖表還要回頭看內文找解釋，會打斷讀書的節奏。這是我長久以來的個人觀點，教學書的圖或表格其實都是圖，務必要光靠圖本身就能看懂圖表，並不是內文的補足。

……這究竟是什麼意思呢？

◈圖表與標題要有律動！

在探討圖表之前，我們先來看看標題。

好的標題必須一看就能掌握到內容，所以章標題、節標題、副標題應該要有流暢的節奏。

比方說有本書叫做《高超的筆記法》。

第一章大概如同序章。

第一章　靠筆記改變自我！改變工作！

而第一節則是這樣：

1／我們為了什麼做筆記？

第一節是疑問句，所以後面的副標題亦即小標題，最好是回答節標題的「答案」，但不需要全部都一樣。

比方說這樣：

1／我們為了什麼做筆記？

·做筆記是為了讓工作與生活更順利

·筆記是對自己的「指令」

這種格式化的「問與答」標題寫法，確實是太常見了點，就好像苦情老歌，都是一樣的節奏在循環，沒有創新的感覺。另外一種方法，則是直接在節標題點出「答案」。

突然從副歌開頭的歌，其實也不錯。

或許有編輯會反駁我這個說法，但我這個人就是看心情混著做標題，如果標題的節奏都不變，感覺就是不舒服。

標題也是慢慢與時俱進的，以前的書大多是相同節奏的反覆式「問與答」，最近連標題都要有創新的標語，否則讀者不會滿意。尤其商業書裡面的自我啟發、觀念啟蒙書，更有脫離反覆「問與答」的傾向。

◈用圖表整理內文的內容！

那在這樣的項目裡，圖又怎麼辦呢？

基本上最好把圖當成「保險」。

比方說「我們為了什麼做筆記？」這個項目（節）共有四到六頁，那麼至少要有一頁圖解。

這張圖的標題如下：

・為何要做筆記？

用來整理內文的內容。圖的最下面，還可以加入以下這則重點。

做筆記可以讓大腦清爽！

就像第193頁的感覺。

編輯通常容易搞錯一點，就是書本八成以內文解釋，兩成以圖表解釋，但這樣就不算圖表了。當然，我不是說這種安排完全不行，但這時候圖至少要用心加個這樣的標題：

「筆記還有以下其他用處」

總之基本上，圖是用來總結內文的內容，當然會跟內文有些許重複，這不要緊。話雖如此，所有圖都只是內文總結也太乏味了。內文沒提到的東西，由圖補充說明，絕對不是不行，而在內文中加一句「這裡請看左圖」也不會打斷讀書節奏。但是這時候請盡量在圖中寫上「重點總結」。

圖解不是內文的補足。
要做到光看圖就懂意思。

12 圖解書的「分水嶺」正在改變

◈ 編輯怎麼應付最近的圖解書趨勢？

說起來不怕害羞，我認為自己在實用書裡面創造了一種圖解風格，這就是之前提過的「不放太多資訊，算是粗略」的風格。在「粗略」作法傳開來之前，我已經把原本半頁篇幅的圖放大到整頁，感覺像是插圖。

內文的文字量我也會稍微降低，不然就像這本書的作法，每個章節開頭都空兩三行，就像部落格一樣。

圖解裡面的字型原本都跟內文一樣，後來改為較粗較圓，字體大小也會有大有小，但不會變化太過頻繁。

我這種風格現在不斷進化、改變，有時候會出現跟「繪本」差不多的實用書，有時候會出現圖不多但內文字型很講究的書，結果跟圖解書有相同效果。本書有放幾張插圖配上標語，有些書還有更多這樣的插圖頁，就是來代替圖解。

文字也慢慢符號化，桌面出版的進步功不可沒。

現在有些書會一頁放照片，另一頁只放二十字左右的標語，而且賣得也不錯。妥善運用桌面出版軟體，巧妙放入具備大量資訊與文字的圖，看起來反而時髦，還會讓讀者覺得「划算」。在這個年代，彩色印刷的商業書已經是理所當然了。

當然也有些比較粗略的書，甚至有些書幾乎沒有圖。與其放些看不懂的圖，確實不如把廣告詞般重點的字句處理得更有設計感，一整頁漂亮的文字更震撼。

反之有些幾乎沒有圖，或者圖都很難懂的實用書，也可能賣得不錯。像幻冬舍的「黃金比例新書」系列就是完完全全的專業書，很像之前的「日經文庫」。

圖解書和實務實用書，兩者之間的「分水嶺」確實正在改變。

◈ 多元化的圖解書將如何發展？

西元兩千年左右，有「圖解」兩個字的書，「格局」大概都差不多。但是現在，除了有資訊量較少的粗略書之外，書店裡還有各式各樣的圖解書，這應該是編輯們不斷摸索出來的結果。

另一方面，以前很難看到便宜的彩色印刷單行本，現在則是司空見慣。就連新書或文庫書，也都出現塞滿資訊的彩色圖，感覺就像雜誌或雜誌書。

因為不只桌面出版技術進步，印刷技術也進步了。

現在還出現很多通篇都是漫畫的實用書，像是東方出版（East Press）的「漫畫讀通」系列，不只包含古今中外的小說名作，甚至還有《我的奮鬥》、《君王論》這種特別的書，這也算是廣義的圖解書了。

我說過編輯必須要有「設計品味」，但就算不是設計師，一般人也懂得什麼是好看的外表。過去好的頁面設計，必須委託設計師或作業員來做，現在編輯也能簡單做點設計了。多虧桌面出版軟體進步，現在編輯可以自己做些簡單的圖表。

編輯能熟悉桌面出版軟體當然是最好，但這並非絕對條件，只要交給優秀的作業員就好。反過來說，栽培一個為自己效力的優秀作業員，或者與高手搭檔，將是往後編輯的工作。

最近桌面出版軟體的進步與普及，造成很多桌面出版作業員不知道排版的基礎知識，編輯有責任教導這些人什麼是「好看的排版」。桌面出版軟體進步了，但碰到一連串的括弧、引號、逗句點，還是要手動去調整。

「排版漂亮」的書，一看就是有種難以言喻的舒服。

當然，編輯不只要追求「好看的排版」，更要有熱情、有企畫力，去琢磨書名與標題。

◈要跟上時代，但不隨波逐流

「資訊量較少，卯起來留白」的圖解書好不好呢？我想它會存活下來。但是讀者心目中的「亮眼」圖表概念，正在慢慢改變。過去插圖的角色都是二頭身的可愛系，現在則轉變為無機物，或者是帥氣的年輕男女了。

然後整體來說，流行風的書也變多了。現在書本裡的關鍵字，幾乎都是粗黑字體，而標題用的字型也比較簡單。有段時間圖解書看起來莫名地硬梆梆，現在這狀況也變少了。

曾經被放逐的「擠滿資訊的圖表」，隨著彩色印刷與視覺設計技術進步，脫胎換骨捲土重來了。這應該可以看作是出版與編輯的進化，編輯做書要跟上時代，但是不能隨波逐流。

「暢銷書」的定義，分分秒秒都在改變。

十五年前，我在某本實用書的前言裡面放過一張「本書重點」的圖，當時作者和跟我一起做書的自由編輯都反對，認為這樣不太妥當。

結果這本書賣得還不錯，我不認為是前言那張圖的功勞，但這也絕對不是負面元素。後來有更多書在前言放圖，但這招現在也不新鮮了。

只要新鮮事一出現，轉眼就是歷史了。

我想商業書本身正面臨轉變期，商業書像是自我啟發書、人生技巧、溝通法曾經稱霸書店櫃位，如今還多了包括健康法的「實用書」，同時《統計學是最棒的學問》（二〇一三年，鑽石社）這種書也暢銷起來了。

接下來是什麼走向的書會紅呢？

◈ 仰賴準則就不會進步

我在第三章提到一定的理論，但這不是「準則」。請看看十年前的書，無論圖解或封面設計，現在感覺都很老氣。

如果這樣要這麼做，如果那樣要那麼做……這樣的準則書絕對不算少，但我們可以參考這種書做出「暢銷書」嗎——如果可以，那不管什麼人都能量產暢銷書了。

所以本書所寫的理論，只是「部分適用」罷了。

我有些地方寫得很細，但是請記得做書有些細節要堅持，有些細節可以不用管，不用管的細節我就不寫了。

「只要這裡用心，書就賣得好。」

如果有這樣的規矩也好，但光靠編輯的個人喜好去亂堅持一通，可能就見樹不見林了。

做書有很多部分不能用準則來解釋，如果每一公分都要用準則規畫清楚，反而會發生很多「這可說不定」的例外，變成一本完全沒用的書。

編輯該學的第一項「技術」，就是企畫力。

我說這句話真是無憑無據，但編輯最重要的並非準則，也非竅門，而是直覺。一定要堆疊好多模糊的理論，才能把直覺磨得更準。

我在這第三章舉出的提示與理論，通常會加個但書說「不能說都是這樣……」這些只是「大原則」，而原則一定有例外與捷徑。讀者看了第三章所寫的幾個理論，請不要照本宣科，而是當成一個契機，想想看「有沒有更好的方法」。

【第四章】

出版界瞬息萬變，編輯如何因應？

——為何我現在要重新檢討「何謂出版，何謂編輯」

編輯是綜合藝術家，也是優秀的行銷人員。
最重要的是，編輯要有骨氣。

1　編輯的職責不斷改變

◈ 編輯的行銷工作是什麼？

我的商業書編輯生涯，大多用來製作「實用書」，包括會計、經濟、金融……但是這些主題，各家出版社已經用盡各種招式來出版，現在幾乎是成熟狀態了。現在有圖解書，還有漫畫版，而且版面有大有小。

我這幾年除了實務書、實用書之外，還做了很多類似「自我啟發書」的書。目前我經手的實用書，作法跟十年前已經相差很多，就像第三章最後所說的，商業書的分水嶺已經明顯發生變化。

我有段時間真的是在摸黑，但是多虧我有製作實用書的知識，才能夠應付這樣的變化。

如今商業書這個領域不只要求企畫力，還要能擠出沒人想過的書名，要有設計力，要有文章力……要有好多好多技術。

當然了，封面與書名的趨勢在這幾年也有了很大的改變，這已經在172頁提過。但是不管品味怎麼變，編輯都要保持彈性，跟上變化，不斷創新。

絞盡腦汁做出新東西，但是長江後浪推前浪，現在創新已經是基本規格。而且創新的速度，一年比一年更快。

就算做出前所未見的東西，眨眼間就成了「既有的東西」。常常有人隨口說要「改變現狀」，但是你應該要知道，當你真的改變現狀，現狀就已經是過去了。

◈ 商業書這個「類型」正在改變

曾經在光文社創造「河童書（カッパブックス）」系列的神吉晴夫先生，把各種類型的書都丟到「新書」這個規格裡面，有小說，也有算命書。

他說做書的標準是「讀者有興趣的主題」。我任職十五年的「かんき出版」，也是由他所創辦。

之前日本出版業說到新書，幾乎都是岩波新書那種「學術類」的書，而且封面設計幾乎都相同。但是河童書系列，卻完全改變了新書的形象。

如今的商業書圈子，也可以說是這個狀況。

新書和口袋書的規格也有教學書。超商的雜誌櫃位，也有電腦與稅務的入門書。甚至以前只有醫學專業出版社敢出的主題，現在也有簡單消化的版本出來，比方說暢銷書《不被醫生殺死的47心得》（アスコム）、《藥劑師不吃藥》（廣濟堂新書）……這些並不是醫學專業書，而是「好懂的養生書」，等於深夜健康食品電視廣告的書籍版。

可見如今已經沒有所謂的「商業書」類型，應該說商業書就包含經營實務、實用、養生、啟蒙、閱讀等許多類型，簡直就像河童書系列一樣。

大概四十多年前，因為參加學運而迷上文學或文化的日本人，後來加入了出版業。當時出版還不算是個「產業」，但現在完全不同，甚至有出版社成了控股公司，追求股票上市。

過去的出版業只是充滿妖魔鬼怪的「家族經營」，現在則是大型產業。

這麼一來，編輯光靠志向做書就行不通了。現在的編輯做書必須要當行銷人員，甚至是娛樂人員，只靠「我喜歡文學」、「我喜歡編輯」已經沒用了。

當然也有些出版社只有幾個人，只做「想做的書」，例如書肆山田、未知谷、紫陽社這些小出版社，或者規模比較大一點的藤原書店。

還有很多三線城市的出版社，如果不是報社子公司，大多是由兩三個人在經營。出版短歌、俳句的出版社，也大多細水長流。我認為這是很棒的事情，只是這些出版社大多要靠作者自費出版來賺取經費。

我所服務的商業書業界與大型綜合出版社，以及專門出詩歌與社會科學的出版社，到底哪邊比較適合「出版」二字？我不清楚。但無論如何，這個年代連出版也得會做生意才行。

◈ 出版還是要做得成生意

我在本書第一章描述了「商業書」誕生的過程，商業書的版型愈來愈多，有口袋書、新書、雜誌書等等，我想還會繼續改變下去。畢竟出版業已經大大改變，出版是文化，同時「賣不出去也不行」。

編輯當然該有文字工作者的尊嚴，要捫心自問，自己做的書能對社會產生什麼貢獻。但是現在，我們慢慢搞不懂該怎麼做才能貢獻社會，在這種時代裡只要求編輯注重貢獻，豈不強人所難？

「出版是一門生意。」

或許這樣看開點會比較好，但這時候我會停下腳步，交叉雙臂，戰戰兢兢地去探索答案。

出版是一門生意，同時也是文化，編輯則是綜合藝術家。

嗯……這有點太誇張了。看現在的媒體狀況，很少有人會堅持「有文化的出版」。出版終究是要賣錢，但希望出版社與編輯千萬不要粗製濫造了。

把書說成「商品」，有人會感到些許抗拒，但正如我第一章所說，我並不打算製作藝術品。說出來不怕誤會，我做書就像做「鍋碗瓢盆」，但是這些「鍋碗瓢盆」可以用很久，價格公道，外表又好看。這些鍋碗瓢盆一點都不粗製濫造，是我精心手工打造。

美觀的排版，好懂的文章，迷人的書名與書皮……「書本」沒有這些東西，就只是印刷出來的資訊罷了。

「你做的是商業書，內容不就是『資訊』嗎？」

要這麼說也行，但是我對自己做的書有信心，裡面的資訊絕對值錢，一定會讓許多人覺得「有用」。

◈ 希望當個超越理論的編輯！

由於網路書店、電子書的普及，出版社的形態也改變了。業務方法就是一個。

首先，要拿到書店的銷售排行榜，現在應該很容易弄得到，然後拿來打廣告說「大阪○○書店，周排行榜冠軍！」前不久只能拿到大書店的排行榜，比方說紀伊國屋或八重洲書本中心的排行榜，但現在可以說「札幌△△書店，銷售冠軍！」而「亞馬遜周排行榜冠軍！」更是少不了。

業務員要有效運用這些資料，幫助提升銷售額。銷售方法也不能仰賴盤商，或者全都丟給書店，自己要想辦法下點工夫。像我家附近的五金家飾行，園藝用品賣場的旁邊就有在賣園藝書。

實際上小盤商正逐漸被淘汰，中小型書店也接連消失，出版社—盤商—書店的老舊流通路線，往後想必會大大改變。當然，網路書店也小看不得。

這本書不是什麼「出版論」，所以「出版業往後的形態」我就不多說，只是編輯不能忽略這一點。

我希望用這本書來盡量描述做好書、做暢銷書的理論，但這些理論大多沒辦法做成「準則」，大多是些……無法描述清楚的東西。

編輯每次做書都必須參考同類書，思考前所未見的封面標語、標題品味、目錄結構等等。每次都要絞盡腦汁，找出些好點子來。

比方說折口（書皮往內折的部分），是讀者在書店比較常看的部分，曾經有些編輯會在折口裡面塞「摘自內文」的長篇文章，一點技巧都沒有。但是讀者不會仔細看這裡，這裡是放廣告標語的絕佳位置。

目前編輯的常識，是在折口裡放「本書賣點」或者流程圖，但是好多年前，肯定有哪個編輯鼓起勇氣開這個先例才對。

希望讀者能思考這點。

◈ 愈來愈多元的商業書

最近「新書（約三十二開）」這個格式在商業書裡面嶄露頭角，以前只有岩波新書、中公新書、講談社現代新書幾家，再來就是專業領域的新書。但是大概從十年前開始，各家出版社的新書就像雨後春筍般參戰。

新書的價格便宜，所以過去的新書幾乎都是「專業書簡化版」，但是最近的新書通常只講一個主題，就像雜誌專輯放大版一樣。

有像《表達力》（二〇〇七年　池上彰／PHP商業新書）、《聆聽力》（二〇一二年　阿川佐和子／文春新書）這種親民的書，也有《那場戰爭是怎樣》（二〇〇四年　保坂正康／新潮新書）、《核電廠與日本人》（二〇一二年　小出祐章，佐高信／角川 one theme 21）這種主張強烈的書。

有很多新書，正常來說應該出單行本的。

每本新書的文字量都比最近的單行本更多，以前認為新書就是要寫乏味的專業知識，現在已經有幾十本新書登上暢銷榜。主題與單行本相同，資訊量又多，而且不到一千日圓就能買，或許讀者投靠新書是理所當然的。

就算電子書普及，紙本書應該還是會留下來，當然數量會減少，銷售數量少就會影響定價。但是「紙本書」有電子書所沒有的「讀畢感」，很多人就喜歡那樣的手感。只是我覺得現在狀況應該會變很多，至於怎麼變呢……我這個人不負責任，只能看見個大概。書店跟盤商，我想是一定會變的。

編輯需要輕快的腳步，才能跟上變化。

◈ 不去書店就不配當編輯

書本不僅是商品，更是活生生的生物。今年完全適合讀者的編輯方法，明年可能就被讀者嫌老土，從這點來看，編輯當然需要不斷琢磨自己的感性。

順帶一提，編輯跟出版業務員就不需要相同的感性。

我認為編輯去書店做功課是很重要，但不需要跟書店業務員有一樣的感覺。「書店業務員的觀點」當然有必要，如果看不到讀者，跑書店至少可以看到個大概。另外觀察同類書，也可以當作企畫的參考。

勤跑書店，用跟業務員不同的觀點看書……可以說一邊的思維是「賣或不賣」，另一邊的思維則是「有沒有讀者」。

總之業務員觀察的順序是書店先於讀者，而編輯第一個要看的就是「讀者」，這就是業務與編輯的差別。

但是這又碰到一個問題，何謂「讀者」？編輯可以靠自己的想像去創造讀者，而去書店做功課就能凝聚讀者的形象。所以如果編輯不讀書，不逛書店，立刻就不配當個編輯。

如果還要多補充什麼，那就是網路。千萬記住，網路隱含了龐大的企畫與資訊，從網路裡挖出這些東西，也是編輯的重要工作。

2 企畫要自己想！

◈ 作者與企畫不能靠代理商處理

最近幾年，愈來愈多人開始做起拿企畫案賣給編輯部的生意，定期寄送「企畫草案」「創意」給編輯部（有的甚至每天早上送），只要編輯部喜歡這創意就拿來做書。企畫是從靈感開始的，有人就是賣這個靈感。

也有人成立代理商，旗下有多名作者，將作者的企畫案賣給出版社。代理商會把企畫案送給多個出版社，然後舉辦「競標」。書本完成之後，代理商會獲得一部分版稅（聽說行情是百分之二），就算只有百分之一，只要該企畫賣了一百萬本，就有一千萬日圓以上的進帳。

主要的編輯業務，通常由出版社編輯部來處理，有出版社幫忙就賣得更多。對作者、主要是職業寫手來說，也不必費工夫把企畫書送去出版社。

如果出版社有三十到四十名員工，每個月要出版將近十本書才能維持營運。假設出版社有個天才編輯，做的書全都是冠軍暢銷書，那每個月出四到五本就夠了，但基本上這不可能。就算真的有天才編輯，保存期限也只有幾年，一旦過期，做的書就賣不好。

話說回來，把企畫丟給人家做真的好嗎？這不就是編輯把「靈魂」賣給其他人了嗎？

編輯的工作又多又雜，而其中我認為編輯必須具備的，就是企畫力。如果把企畫發包出去，這個人就不算編輯了。跟朋友聊天、看電視電影……在生活中獲得靈感，昇華為書本這個「形式」，不正是編輯的精妙所在嗎？退一百步來說，就算有代理商介入，編輯也應該掌握主導權。

「片山哥，有什麼企畫沒有？」

有個現在很有名的編輯，大概二十年前還年輕的時候，第一次見到我就問這句話。聽說他也這樣問過好幾家編輯製作公司，其中有家編輯製作公司的老闆苦笑說：

「就是有這種人，我們才做得成生意啊。」

自己沒做什麼，只叫編輯製作公司出企畫，暢銷的話這家公司就繼續合作，賣不好的話做個一兩本就謝謝再聯絡，這是不是有點瘋狂啊？

然而這種瘋狂的狀況，目前逐漸成為出版業的主流。

如果要我對年輕編輯說句話，只有這句：

「企畫要自己想，不要讓給任何人。」

◈ 編輯彼此切磋琢磨，可以提升品質

我剛開始成為自由編輯時，有好幾家出版社賞我工作，我會盡量要求配一個「年輕的責任編輯」，跟這人邊討論邊做書。奇妙的是如果出版社沒給我配合的人，全都丟給我做，書就賣不好。

很遺憾，編輯的感性如果不琢磨就會生鏽，如果我接下編輯部的「丟包」委託，我做書的直覺就會生鏽，就像體力與健康衰退那樣。我偶爾要與責任編輯喝酒交換意見，才能感覺到自己的「編輯力」還勉強有用處。

經驗豐富的人有他自己的感性，但通常都稍微發霉。另外不是所有年輕人都有豐

沛感性，年輕人也會出餿主意，然而過來人退一步聽聽年輕人的意見，才能夠「切磋琢磨」。

我並不否認或討厭代理商這一行，當了自由編輯之後，有些我認識的寫手或編輯就請我寫企畫，做出書本，我就像個代理商。

但是人家請我寫企畫的時候，我並不是交了企畫案就說再見，我堅持要自己做企畫案的編輯工作。

編輯既不是人力派遣業，也不是創意銷售業。要靠自己動腦又動手來做一本書，才算是編輯。無論時代怎麼改變，編輯技術怎樣變化，我想靠自己的部分都不能放棄的。

看我這麼寫，可能有人會說這人真是個老古板，其實不是。我認為電子書應該不斷進步，活字時代的編輯也要成為能靈活運用電腦的編輯，該變的就是要變。

但是把整個企畫丟包給製作公司，銷售狀況只看業務部提交的數字，我就不知道為何要有個編輯。編輯必須不斷堅持理念，才能在一片黯淡的出版業存活下來。

◈ 電子出版時代更需要企畫力

尤其進入電子時代，應該比過去更講究企畫力。電子書籍沒有「絕版」的概念，而且應該有些企畫，做紙本賣不好但做電子書就賣得好。我不認為人一定要走在時代最前端，但是電子書肯定會愈來愈多，而執迷於「紙張」的編輯也就不太妙了。

目前已經有很多紙本書進行數位化，愈來愈多紙本書上市同時就有電子書，而且電子書的定價稍低一些。等到價格再低一點，介面統一起來，又出現只有數位版的書籍，狀況可能會大大改觀。往後，「只能用電子裝置看的書」應該會愈來愈多吧。

可是呢——或許有人會說我矛盾，但我還是喜歡紙本書。那個手感與外觀，有著電子書所沒有的魅力。不過這不是我身為編輯的喜好，而是身為愛書人的心聲。

企畫要自己建構，自己琢磨——

這才是做編輯的精妙之處。

3 出版社的方針與良心

讓我寫些青澀的東西吧。

也就是何謂出版，何謂出版社的良心。

◈ 出版社是「資訊產業」嗎？

有人認為出版是文化產業，在追求利潤時應該要謙遜。這個意見我一半贊成，一半反對。出版社也是企業，裡面也有員工上班，只要書賣得出去，印刷廠、裝訂廠、造紙廠都會沾光。所以我不否定追求利潤的行為，只是不該用骯髒手法去追求。

對業務員來說，書本是純然的「商品」，賣多少本就能賺多少錢——但是對編輯來說，這樣不對吧？

除了極少數特例之外，書本並非稀有藝術品，尤其商業書更是商品，編輯應該有這樣的認知。然而書本又不是單純的商品，希望編輯把書本當成以某種形式推動世界的商品，能夠感動許多人的商品。

說來可能有些極端，對業務員來說，一本書寫些什麼內容其實不是很大的問題。但是對編輯來說，「寫什麼東西出版」應該是非常重要的事情。

本書已經說過很多次，編輯就算要模仿同類書，也要有模仿出來的內容能超越原書的氣魄。

另外現在到書店裡看看，會發現很多戰爭味很濃的書。我贊成人有多元想法，但是說什麼中國人跟韓國人很糟糕、簡直不可理喻，有時需要不惜一戰的這種態度……感覺時光好像回溯了幾十年。

如果只是在內文裡寫個幾行也就算了，現在卻出現煽動的書名，搞得愈來愈過火。本書當然不打算討論日中、日韓的問題，畢竟外交、政治、戰爭這些東西，是不該隨口胡說的。

然而作者可以隨便寫，那出版社呢？

因為作者這麼說，所以我出版——這樣好嗎？

難道不能請作者稍等一下嗎？

◈ 出版社就是要把一切資訊都推出到社會上嗎？

我說這句話，並不是出自什麼複雜的思想，比方說某家出版社出了一本有些反社會的書叫做《核電廠將毀掉日本》，如果出版社就是這個方針，倒也還好。但如果有人出了《沒有核電廠，日本經濟就完蛋》這本書呢？我會質疑這間出版社的見識太淺。

「出版社是資訊產業，只要讀者需求資訊，什麼企畫都可以出。」有經營人是這麼說的，但我認為不對。出版人應該要有個「堅定的理念」，就算被罵不知變通也不怕。如果沒有，何必做出版這麼不賺錢的爛生意，應該還有更好賺的生意才對。

我剛出社會的時候，碰過在企畫會議上只談銷售數字的主管，然後我就罵他了：「我們是出版社吧！這樣跟賣章魚燒哪裡不一樣了！」我對「出版社是資訊產業」這個說法有點抗拒，出版社應該就是「出版業」才對。

我在泡沫經濟時期吃過苦頭，當時日本掀起炒房地產的風潮，我當時待的出版社也出了好多本「樓房投資」、「不動產投資」的書，賣得還不錯。即使泡沫即將爆開，還是在出《投資大樓還能賺》這種書。

話說我當時並沒有「現在是泡沫經濟」的感覺，全日本也應該都一樣，所以才會信心十足推出「還能賺」的書，連我自己都在東京郊區買了大樓。

結果泡沫爆了，我買的大樓價格也暴跌。

這是自作自受，我不要緊，但是此時有個作者帶了一份《兩年後，地價會減半！》的企畫來找我，而公司編輯總會上就決定「如果這本書會賣，那就做！」

前陣子還在瘋狂炒房炒地，現在卻出這種書，我認為不太道德而反對，當時真是血氣方剛啊。

「這個企畫出了就會賣，地價應該就如作者說的會跌，我也會虧大錢。但是這時候，不就該硬撐嗎？」

後來大概過了十年，我離職了。我想從那天起，我的編輯觀和出版觀應該就與公司產生了微妙的差異。後來地價確實跌了一半，但我還是不後悔當初的決定。

有些經營人認為「為求利益不擇手段」，企業的目標之一確實是追求利益，但必須有最低限度的道德觀。明知道鐵定賺錢卻不出手的「硬撐」，明知道這樣比較簡單卻故意繞遠路的「傻勁」——我喜歡這種有骨氣的經營人。不只經營人，我希望一般社會人士也有這種骨氣。

尤其編輯，更是希望一定要有骨氣。

有個詞叫做「心靈貴族」，這種人的思維堅定，氣質優雅。尤其對我們這些媒體圈的人來說，甚至算是「存在條件」。

◈ 編輯要有行銷品味與骨氣

我做商業書的企畫編輯下來，感覺現在有「骨氣」的經營人愈來愈少，政客也是一樣。

（1）沒有理念的政治
（2）沒有勞動的財富
（3）沒有良心的快樂
（4）沒有人格的學識

（5）沒有道德的商業
（6）沒有人性的科學
（7）沒有犧牲的信仰
——這是甘地所說過的話，世界的七大錯，也就說明了「高風亮節」很重要。
我則希望在本書中多加下面兩項：
（8）沒有行銷的編輯
（9）沒有骨氣的編輯

4 有時候，編輯也是栽培作者的職業

◈ 搞清楚作者要說什麼

最近出現很多主張「任何人都能寫書」的部落格、電子報或講座，擴張作者的範疇是不錯，但既然要寫書，先考慮的應該不是要賣給誰、寫這個一定會賣，而是要考慮怎麼用心寫好原稿。這是我對作者的真心話，只有帶著「我就是想寫這個」的熱情，原稿才能打動編輯與讀者。

有了這個前提，我再對原稿加工。如果在這個前提下，原稿還是不好懂，我就會徹底跟作者討論，為什麼表達不好，怎麼改才能好好表達。

也不一定要靠「討論」，編輯可以寫幾頁「原稿範本」，給作者看看跟自己的原稿有何不同。這份「原稿範本」（尤其是前言），我通常是感受作者的意圖，自己動筆去寫。

但無論如何，編輯本身都要搞清楚「這個作者自己到底打算表達什麼」。如果心裡搞不清楚，無論嘴上怎麼講，對方都聽不進去。只有對方聽得進去，才算是說服。

經過這樣的討論之後，編輯才知道作者到底想寫什麼，或者編輯自己打算做出怎樣的書，而形成一份「設計圖」。就算是模仿其他的書，只要編輯與作者堅定希望「我要改變這部分！」那就會變成完全不同的書。

◈ 作者的原稿差一點才好

這時候，不能太期望作者寫出什麼「好文章」。說出來不怕誤會，商業書原稿其實差一點比較好。經濟評論家、顧問、稅務士……這些人畢竟不是「文學家」，所以編輯的改寫力就很關鍵。改寫的過程會栽培作者，也會栽培編輯。

大多原稿的文筆並不好，但具備訴求，具備珍貴的資訊。

編輯就是要找出這些東西。

很久以前，我曾經跟某位顧問共事過，這位顧問的文筆非常好，創意又豐富，我們做的書有好幾本都是暢銷冠軍。這些書肯定讓他賺不少錢，但他卻有了一種誤會——

「只要把我的知識印出來就會賺錢。」

結果他把重心從本業的顧問轉移到寫作上，剛開始好像還不錯，但由於他不再從事顧問工作，就沒有獲得前線的最新知識。後來他的原稿大多是過去原稿的改編，也就慢慢賣不好了。

我現在還是很懊惱，為何當初沒有戰戰兢兢地去勸誡這位顧問，而是貪戀舊稿新修的編輯工作比較輕鬆。當時我應該放下怠惰，對那位顧問這麼說：

「老師，我們來做更創新的書吧！」

◈ 思考互相栽培的意義

作者會栽培編輯，同時編輯也會栽培作者，這個過程會讓彼此往上提升，做出更好的企畫，更好的書本。

彼此互相栽培下去，或許作者的原稿不會爐火純青，但會變得更好懂，讀者更喜歡看；同時編輯也會獲得更多，這就是所謂的互相栽培。

就這點來說，編輯過程中所有相關人員都是「對等」的關係，這我已經說過很多次了，請別忘記。

我曾經與許多作者交流過，而我很有信心，從來沒有對作者傲慢過。是有發生過幾次糾紛，但我依舊與許多作者保持良好關係。

跟作者打好關係的編輯，手裡的「牌」就比較多。聊得更多，也更容易有新點子。不只是作者，跟設計師、寫手也要打好關係，編輯與各種人交流，就會生出全新的企畫。

只會窩在辦公室裡坐辦公桌的編輯，企畫力肯定貧瘠。

當一個做書匠，一個做書專業人士——代替後記

◈ 正因為「手工」還留著……

即使進入了電子書時代，編輯這一行還是沒消失。

不過現在的編輯跟五十年前的編輯不同，職責變化得非常快，連我也看不清未來的趨勢。

然而無論是紙本書或電子書，編輯的企畫力、行銷力，都一樣是關鍵。出版業、印刷業、書店，都發生急劇的變化，要是編輯沒有氣魄去乘風破浪，那還得了……

我這本拙作，說得誇張點就是一份諫書。

我喜歡「工匠」這個詞，比方說蓋房子的木匠、泥水匠……現在很少有人跟以前一

樣用刨刀刨木頭，用鐵鎚敲鐵釘，但我在工地看到工匠的手藝還是心醉神迷。

我年輕的時候，編輯的工作幾乎都是手工，常常用大頭針來處理「底版」（製版之前校訂用的草版），現在根本沒有底版，幾乎全都數位化了。近幾年的數位化速度實在是突飛猛進，即使如此，手工依舊不會消失，我希望在使用電腦軟體的時候還是當個工匠。

我希望記住過去的活版印刷和照相排版，最好被人笑說我是活化石。

我絕對不是要回顧過往，活版、照相排版、電子照相排版……過去這些數不清的經驗，慢慢累積起來，我想未來就在這之上，「過去」是不該被捨棄的。

進入電子書時代，並不是否定「紙本書」，紙本書所包含的「心」，電子書應該也不能少。

同時，編輯是一種工匠，我想重視這個說法。

具備工匠的自覺，也就是與社會深入交流，希望能在心靈深處，認知自己是在做一件「作品」。

我提過很多次，書本是商品，但同時也是作品。

正在閱讀這本書的讀者朋友，如果往後有心要入行做出版或編輯，希望參考我寫的內容，去思考自己的作法。就算作法跟我的說法完全相反也沒關係，但希望你能記住曾經看過片山這個編輯。

假設是正在當編輯的年輕人在看這本書吧，尤其三四十歲的編輯正是「當令」的時候，希望你們可以稍微逞強，走出自己的風格。如果你想私下問些什麼，歡迎來聯絡我，也歡迎提出異議或反駁。對於商業書的「歷史」，我應該寫了些值得參考的東西才是。

如果是跟我同世代的人在看這本書，應該正在跟自己的保存期限奮戰吧。即使進入電子書時代，中高年齡的讀者還是沒有減少，甚至這個世代的編輯更應該鎖定中高年齡層推出企畫才對。

至於沒有反抗保存期限，愛說「現在年輕編輯真糟糕」、「以前真是好」的人，這本書其實可以不必看了。

還有一點，希望小出版社也要有自己的尊嚴。有時候一個編輯的本事，就能讓出版社瞬間成長。最近常常有人挖角一流編輯，我認為如果編輯所在的出版社沒什麼大問題，希望編輯能夠婉拒挖角，胸有成竹地說：「我一定會把公司壯大起來！」

另外，我做書通常會把關鍵字改成粗體（如正黑體），但本書故意不這麼做。我認為重要的句子，對其他編輯或許不重要，也或許剛好相反。

我希望讀者朋友，能自己找出關鍵字。

◈ 編輯要有「個性」！

編輯這一行，或許該說是終極的人際關係手法。我個人是在小出版社鍛鍊起來，認為小出版社的編輯必須會寫文章，也會一定程度的版面設計，擅長取名，還要有促銷點子……但實際上，我要借助許多人的能力，如果沒有好好經營人際關係，做不長久的。

內文已經提過這個概念。

而人際關係要良好，我認為關鍵是編輯的「個性」。

你可以「獨樹一格」，但不能讓他人感到不舒服。

「這個人總是說些奇怪的東西，但是莫名跟得上時代喔。」

這就是編輯的個性。

大概從二十年前開始，我才敢說「我是個編輯」。更之前我做了十幾年的編輯工作，但應該什麼領悟都沒有，我只能裝模作樣，實際上只是個「編輯部人員」。

當你做出一本只有你做得出來的書，才能抬頭挺胸說自己是個「編輯」。想要扛住一個頭銜，就得有一定的肩膀。

另外在做書的時候——尤其是決定書名與封面的時候，最重要的是什麼？就是「編輯本身的感性」與「個性」。聽許多人的意見，與許多人交流，當然也很重要，但我認為最後做決定的，還是一個編輯的個性。

優秀的或者追求優秀的編輯，就具有極度鮮明的個性。

有句話說「開會總是決定用棕色」。

「我喜歡紅色」「我喜歡白色」……當眾人這樣爭論起來，最後通常會選個保險的顏色，而企畫也是如此。所以我在當出版社總編的時代，對封面設計會議總是沒什麼動力。我的作法，是要責任編輯直接提案給我。

「嗯——不錯啊，就照這個做吧。」

這可是一對一的認真討論。出版社是會開企畫會議，但那比較像是「進度確認會議」，我要求編輯部人員把企畫書拿給我，然後一對一討論。

我重視的不是會議，而是「個人本領」。

當然，我不認為這樣的作法最好，尤其編輯部將近有十個人的時候，最好規定下屬定期交企畫出來，才能磨練小編輯。企畫會議，也就是栽培編輯的環境。

編輯在企畫會議上說服主管，可以強化編輯本身的能力，編輯要在會議上養成企畫建構力與說服力。

◈ 編輯要隨時提出質疑

我說要提出質疑，並不是質疑社會或政治，當然質疑這些也有必要，我只是說在平淡的日常生活中，編輯要隨時保持一種好奇心，去觀察什麼有搞頭，什麼會大賣。

剛開始的靈感可能很模糊，但思考久了必定會凝聚成型。

「如果企畫這樣提，比較有機會通過」這樣的思考鍛鍊會提升編輯的調度感，也就直接提升了企畫力。

我在這本書中不斷自問自答，究竟是好書才會暢銷，還是暢銷才算好書？最後結論依然是「好書才會暢銷」。

但是這裡的「好書」並不單純是內容好，封面設計、書名，一切設計都要無可挑剔，好書要求的就是這樣全面。粗製濫造的書就算暫時暢銷，也不會留在歷史上。

所謂留在歷史上，有時候代表改變了一個讀者的人生。無論是便宜又單薄的書，還是厚重磚頭書，只要讓人震撼就是「好書」，也就必然會暢銷。

◈編輯不是「準則」！

讀者已經明白，這本書不只在說做書的心態與哲學，還花了很多篇幅說明「標題與前言具體來說應該怎麼做」這類的技術論。

但是做書最重要的終究是「企畫」。

靈感、創意、直覺，究竟該怎麼磨練呢——我希望編輯重視這些心靈層面多過技術面。編輯該磨練的是企畫力，將前所未見的創意實現出來，或者從完全超乎想像的方向挑戰既有的主題，這麼一來自然就能學會技巧。

反之，學會技術之後，在書裡加個不起眼的貼心設計，可能讓書本瞬間大放光彩。可以說企畫力與技術力，就像車子的前輪與後輪，而且企畫與技術的概念會與時俱進。

編輯必須靈活應對這樣的變化，這就是適應力。靈活的適應力絕對無法寫成準則，基本上編輯行為很少有既定的準則。

尤其時代的變化這樣快，光看校稿這部分，活版印刷、照相排版、以及現在的桌面出版，就完全不同了。

「照相排版……那什麼啊？」

甚至有些年輕編輯會這麼說。我認為這是時代的變化，要虛心接受，新時代當然可以有新編輯。

那麼我在本書第三章所寫的理論，是不是都過去了，沒意義了？我不這麼想。我認為本書中所寫的理論如今還是通用，這是我小小的驕傲。

然而我還是個現任編輯，如果巴著過去不放，就做不出新東西。無論好壞，新的感性都會帶來巨大的刺激。

我在寫這本書的時候確實會猶豫，感覺「這個現在好像不太對了。」而且我至今還在做書，其實常常會否定自己過去認為「絕對沒錯」的作法；但如果我沒有留下這四十年生涯的知識，應該會後悔，所以決定從幕後走到幕前。

寫這本書可以整理我自己的思維，應該也可以有進一步的成長。

如果有更多讀者看這本書，必定會提升「商業書編輯」這個行為的存在價值。由衷期望透過這本書，激發出更多優秀編輯，做出讓眾人讚嘆不已的書。

感謝各位。

作者

作者介紹

片山一行（かたやまいっこう）

◎ 1953 年生於愛媛縣宇和島市，目前居住在愛媛縣松前町。每年前往東京數趟，實踐新的商業形態。1975 年從早稻田大學第二文學院畢業後進入中經出版（現屬 KADOKAWA）任職，參與經營實務書編輯。1983 年轉職前往かんき出版，當時該公司剛開始做商業書，作者便在此打下基礎。1990 年起接連推出暢銷書，並打造《易如反掌的經濟書》、《易如反掌的電腦用詞書》等「易如反掌系列」，幾乎本本暢銷。另一方面，作者經手的經營管理、稅務、庫存管理等書也大多再版，替出版社編輯部打下基礎。從此，成為傳奇的熱銷商業書推手。

◎ 1998 年，以董事編輯部長頭銜離職，轉為自由編輯，參與すばる舍、Forest 出版、PHP 研究所、鑽石社等各出版社的書本製作。主要作品有《必定大賣的陳列法——七十種機關與技巧》、《筆記的技術》（以上由すばる舍出版），《好強的整理術！》（PHP 商業新書）、《務必了解的行銷基礎與常識》（Forest 出版）等等。做書奉行「終生編輯」的座右銘，創造各種巧思，是少數的「做書匠」之一。

◎工作期間，會與責任編輯討論到雙方接受為止，達成編輯諮詢員的任務，讓合作的出版社與編輯部獲得成長。許多青年、中年編輯都尊稱作者為「一行大哥」。目前依然在職，幾乎每年都推出暢銷書，可說是商業書編輯的「傳奇」。最近編輯作品有《只要一天，聲音好得讓你感動！歌喉也更棒！》（すばる舍），《可以報帳的收據，不能報帳的收據》（日本實業出版社）。

◎作者亦有寫作出書，如講述人際關係中「聆聽」之重要性的《好強的聆聽法！》（鑽石社），以筆名小野一之所寫的《當你心愛的人得了「憂鬱症」》（すばる舍）。除了「編輯匠」之外，作者也會寫詩和俳句，作品有《片山一行詩集——或許，是海風》（早稻田出版）、《片山一行詩集——或者，去透明的海》（創風社出版）等等。亦有製作俳句同人誌《銀漢》。

[聯絡方式：Ikko_k@niffy.com]

附記

「紙本書衰退」「出版業不景氣」，這說法已經出現幾年了？如今又出現電子書這個新媒體，每個出版人都在摸索自己的路。這種時候要寫一本「何謂編輯」的書，作者與編輯部堅持「出版就是做生意」的方向。也就是「編輯」不該只是做書，更應該以一個人的立場，去參與「編輯這一行」。

先暫時用《新・編輯這一行》的書名來推動企畫，因為曾任岩波書店《世界》總編輯的吉野源三郎先生，在二十多年前就替岩波新書出了一本《編輯這一行》，才會再加個「新」。

但是這麼一來，吉野先生的名作就變成「舊」，千萬不能讓讀者搞糊塗。話說吉野先生的《編輯這一行》是本回憶錄兼人生論，本書作者則是在「商業書」領域耕耘三十多年，胸有成竹地寫下長久工作下來所累積的「技術」。最後我們決定使用幾乎相同的書名，就是因為編輯的職責在於做出好書、暢銷書，如今出版業一片混亂，編輯才更應該找出「編輯這一行」的價值與意義。

期望本書能讓往後的出版業更加充實，並讓大眾重新認識「編輯這一行」——

二〇一五年三月十日

臉譜書房 FS0127

編輯這一行

日本實用書傳奇編輯，從四十年經歷剖析暢銷書背後，編輯應有的技藝、思維與靈魂

職業としての「編集者」

作者｜片山一行
譯者｜李漢庭
責任編輯｜陳雨柔
封面設計｜徐睿紳
內頁排版｜極翔企業有限公司
行銷企畫｜陳彩玉、楊凱雯、陳紫晴

發行人｜涂玉雲
總經理｜陳逸瑛
編輯總監｜劉麗真
出　版｜臉譜出版
城邦文化事業股份有限公司
10483台北市民生東路二段141號5樓
電話：(02) 886-2-25007696
傳真：(02) 886-2-25001952
發　行｜英屬蓋曼群島商家庭傳媒股份有限公司城邦分公司
地址：台北市中山區民生東路141號11樓
客服專線：02-25007718；25007719
24小時傳真專線：02-25001990；25001991
服務時間：週一至週五上午09:30-12:00；下午13:30-17:00
劃撥帳號：19863813　　戶名：書虫股份有限公司
讀者服務信箱：service@readingclub.com.tw
城邦網址：http://www.cite.com.tw
香港發行所｜城邦（香港）出版集團有限公司
香港灣仔駱克道193號東超商業中心1F
電話：852-25086231
傳真：852-25789337
馬新發行所｜城邦（馬新）出版集團 Cite (M) Sdn Bhd.
41, Jalan Radin Anum, Bandar Baru Sri Petaling,
57000 Kuala Lumpur, Malaysia.
電話: +6(03) 90563833
傳真: +6(03) 90576622
電郵：cite@cite.com.my
初版一刷｜ 2021年5月
定價｜ 350元

城邦讀書花園
ww.cite.com.tw

ISBN 978-986-235-932-7
Printed in Taiwan.
本書若有缺頁、破損、裝訂錯誤，請寄回更換。

國家圖書館出版品預行編目資料

編輯這一行：日本實用書傳奇編輯，從四十年經歷剖析暢銷書背後，編輯應有的技藝、 思維與靈魂／片山一行著；李漢庭譯. -- 一版. -- 臺北市：臉譜出版, 城邦文化事業股份有限公司出版：英屬蓋曼群島商家庭傳媒股份有限公司城邦分公司發行，2021.05
面；公分. -- (臉譜書房；FS0127)
譯自：職業としての編集者
ISBN 978-986-235-932-7(平裝)

1.編輯 2.出版學

487.73 110004684